青少年心理品质丛书
主编：襄阳

U0634843

感悟生活的美

张俊红◎编著

新疆美术摄影出版社
新疆电子音像出版社

图书在版编目(CIP)数据

感悟生活的美 / 张俊红编著. -- 乌鲁木齐 : 新疆
美术摄影出版社 : 新疆电子音像出版社, 2013.4
ISBN 978-7-5469-3903-2

Ⅰ.①感… Ⅱ.①张… Ⅲ.①故事 – 作品集 – 世界
Ⅳ.①I14

中国版本图书馆 CIP 数据核字(2013)第 074448 号

感悟生活的美		主 编 夏 阳
编　　著	张俊红	
责任编辑	吴晓霞	
责任校对	李　瑞	
制　　作	乌鲁木齐标杆集印务有限公司	
出版发行	新疆美术摄影出版社	
	新疆电子音像出版社	
地　　址	乌鲁木齐市经济技术开发区科技园路 7 号	
邮　　编	830011	
印　　刷	北京新华印刷有限公司	
开　　本	787 mm × 1 092 mm　　1/16	
印　　张	13	
字　　数	208 千字	
版　　次	2013 年 7 月第 1 版	
印　　次	2013 年 7 月第 1 次印刷	
书　　号	ISBN 978-7-5469-3903-2	
定　　价	39.80 元	

本社出版物均在淘宝网店:新疆旅游书店(http://xjdzyx.taobao.com)有售,欢迎广大读者通过网上书店购买。

第一章 感悟和美家庭

第二章 感悟大美母爱

青少年心理品质丛书

感悟生活的美

第六章　感悟唯美爱情

第七章　感悟慧美态度

第八章　感悟完美心态

心理品质丛书

感悟生活的美

第九章　感悟健美体魄

第十章　感悟柔美心境

第一章 感悟和美家庭

金　婚

　　亲情是什么,是彼此的思念,是永久的眷恋,是节日里融融的欢笑,是风雨中深情的依靠。

　　我好久都没有意识到,爸爸妈妈正在变老。

　　从小就习惯了妈妈的能干和爸爸的智慧,当我看到他们变得有点儿反应慢了的时候,我还有些不解,这是怎么搞的?看来,接受父母老了,不像接受奶奶老了那么容易。因为在我眼里,奶奶本来就是老的,而父母一直都是年轻的。

　　父母年轻的时候,是那样英姿勃发。在他们的老影集里有一张黑白照片,那是他们五对青年举行集体婚礼时拍的。爸爸妈妈身着戎装,妈妈微仰着头,像是在唱歌。爸爸笑着,眼睛里荡漾着青春的神采。在自然光下,他们朴素而明朗,像两株向日葵。

　　后来,有了姐姐,有了我,又有了两个弟弟。妈妈生了四个孩子才32岁,仍是个风姿绰约的少妇,同时还是个干练的女公安。36岁的父亲望着两儿两女,欣慰地对母亲说:"这也是我们对人类的贡献。"那时他们真有精神头儿啊!一到星期天,他们就张罗着,带上吃的喝的,带上大大小小四个儿女,牵着、抱着挤上公共汽车,到松花江边游泳、野餐。记得有一次,爸爸借来一个海鸥120相机,到江边给我们拍照。他在镜头里注视着孩子和背景,问道:"后面,是要树,还是要水?"妈妈坐在长椅上,满足地看着我们。忽然间,她笑了起来,原来,她听到邻座的两个小伙子像念诗一样,一本正经地说:"你看那父亲,和儿女们亲切地商量:'要不要水?'"那时的父母,有体力,有活力,像两棵大树,护佑着他们的孩子。

不知道是从什么时候父母开始变老的。也许是"文革"后期,也许是儿女长大以后,也许是他们退下来的时候。

爸爸刚离休时,从医院回来,自言自语:"护士怎么管我叫'敬老'呢?"

我问:"那应该叫什么?"

应该叫"老敬"啊!我猜想,按爸爸的意思,"老敬"是工作状态,而"敬老"是退下来的状态。对爸爸这样一个以工作为爱好的人来说,这就是走向老态的开始吧?后来,连妈妈对爸爸的称呼也变了,她不再叫名字了,而是大喊老头儿!

有一年春节,我陪父母去深圳世界之窗。人家优待老人,70岁以上免票。我正为这文明之举赞叹,妈妈悄悄告诉我:"你爸爸唉声叹气,说老了,没用了,人家都不管他要票了!"

我一边笑,一边有点儿心酸。父亲的背影看上去确实是个老人了,那脚步也有些蹒跚。可我竟没怎么想过要去搀扶他,我还是习惯地以为,父母是有力量的。

倒是我最小的弟弟最先意识到父母老了。他对父母报喜不报忧的"应付"态度,很像当年我们应付奶奶、姥爷、姥姥的态度。面对絮叨,面对教诲,他只是笑嘻嘻的,那神情像是说老人嘛!跟他争什么!

父母年轻时,总是给老人,给孩子过生日,总是忽略自己的生日。这些年,孩子们开始为父母过生日了。每逢爸爸生日或妈妈生日时,他们相互之间都会发表赞美之辞,互相给予高度评价。妈妈认为子女对父亲的感情是母亲给培养出来的。所以妈妈常说:"你们头脑清楚,像你爸,你们爱学习,像你爸!我年轻时,选择了你们的爸爸,至今不悔!"每当妈妈这样说的时候,爸爸都笑而不语。他老人家的眼前,一定又闪过了那微仰着头唱歌的新娘吧?

老爸老妈也许没有听过那首情歌里唱的:"最浪漫的事就是和你一起慢慢变老……"然而,他们一天天、一年年经历了这过程,子女们一天天、一年年看到了这过程,这真是很浪漫的。2001年,父母将迎来他们的金婚,就在黄金般的秋天。

爸爸妈妈,我们带着感激,带着羡慕,庆祝你们的金婚!

年年又回家，年年又带酒

腊月二十八，一纸电文把我从长沙催回平江。班车在大山的夹缝间、陡坡上咆哮了一整天，终于像牛似的喘着粗气，哼了一声便伏在寂静的思村小镇。

天色开始暗下来了。

我抄着熟悉的山路疯赶。

一进家门，感觉里便有了惊吓与凄凉。母亲抱着只烘篮，独自一人在房里。桌子上如豆的灯光忽明忽暗，映着母亲苍白的脸色，显出悲伤过度与贫血的样子来。

"你干爷头两天上的岭，要过年口，大家都有事没空，等不到你回来哩。"母亲极平静地说着，仿佛家中什么事也不曾发生过。

我轻轻把袋放在饭桌上，那里面有两瓶上好的"泸州老窖"。尽管我在长沙动身前，就晓得这已毫无实际意义了，然而我终究还是要带上的。

母亲默默地煮好了夜饭，又默默地摆了三双碗筷，我知道她依旧给我继父也安了一个位子。

我的心情亦如这山中之夜般沉重。

继父令我回忆。

一日,细舅把我喊去,说:"伢崽,你爷过世得太早,你娘带着你太苦了,别人替她寻了家人家,你大舅和你大舅妈还有我带你去送送你娘哦。"

我勾着头,望着布鞋里蹿出来的一节脚趾。我开始有点恨我的母亲。我不知道母亲为什么要丢下我,我也不知道我以后该怎么过日子。

阳光很好。母亲穿了一身蓝竹布新罩衣,她脸上没有喜气,也似乎没有悲哀。

其实,那地方并不很远,翻过几座山,过几只坳,顺着长长的、窄窄的山垅而下,就远远望见黄土岭坳上有几户人家,青砖瓦屋,缕缕的炊烟,垅罩了一层淡淡的蛋青色,空气中有一股极好的油炸香味。

这地方叫法寺冲。

我们刚走到屋前,一阵爆竹响起,只见一个四十来岁的男人笑着迎了出来。细舅细声对我说:"伢崽,你见了他要喊声干爷啦。""干爷"是平江俗称,这与"继父"是绝不同的,区别得如同法律般严明。随母"下堂"认作"继父"。我娘既没带我"下堂",喊干爷便是自然。

在一间正厅和一间不是很大的房里,摆了三桌"水酒"。大概我也属"上亲"范畴,当继父一脸灿烂轮番给舅舅他们敬酒时,他居然也给我满满地斟了一杯上好的谷酒。我不会喝酒。我狠狠地望着眼前这个人,要不是他,我娘就不会离开我啊!我心里在恨着……

我成了挂在对门岭顶上一颗孤独的星。

那年我才十岁。

我想念我的母亲。

于是隔几日，又一人麻起胆子翻山过沟去见娘。

第一回单独见继父，便怯怯地喊句"干爷"。继父"嗯"了一声，冷冷的，脸上也不见一丝笑意，依旧坐在那儿吧噜吧噜抽着"水烟筒"，然后就扛把锄头上对面山坡里忙什么去了。

继父姓曾，名再先，他是老大，从小跟父亲在田里耕作，不出四十的年纪，背竟佝偻得厉害，远近人都叫他"再驼子"。这也没有恶意，还含了一层怜悯。据说，他从没进过学堂门，那年月搞集体，他在生产队的工分也是请别人劳神代记的。有时他心里有谱，晓得记错了，也从不争，便说："错了就错了，自己有得狠，莫怪别人哦。"地方上人对继父一世的总结就是"再驼子"就是老实。大概也只会田土里一些简单的呆功夫，又不理手调排过日子，一辈子下来，也仅仅能不饱不饥地口嘴巴而已，绝无剩余。

继父本是有堂客和两个女儿的。不知为何，那年，他堂客突然带上两个妹子出走了。从此几十年，竟不通往来。即便是继父生命西归后，他的两个崽也竟没一个来掉滴泪珠子哩。

继父性格极内向，从天光到断暗都懒得与人打几句讲的。但他耳朵却不背，总是灌进去许多的稀里奇怪的"野棉花"（即小道消息）。每逢他和我母亲一路过来给我舅舅拜年，进门还没一袋烟工夫，他不是讲神，便是说鬼。新朝年头，舅舅家又特信禁忌，可在这个老实巴交且又无别话讲的妹郎子面前，也是奈何不得，于是便做一脸的苦笑。

继父清贫,憨厚,然他心里却装有一个偌大的海。

我常突然想起要去看望娘,碰上没别的菜时,母亲总要偷偷在饭槽里蒸个荷包蛋,吃饭时,母亲便手脚麻利地挖瓢饭盖在蛋碗上,说:"启家伙,你吃咯只碗哟。"母亲这样做,目的还是怕继父家那一大群佞儿眼红,显然也还有怕继父讲闲话的因素。其实,我料定继父心里是清白的,要不他怎么老斜着眼睛望着我手里的碗呢?

那年月,生产队给我这个孤儿一月一箩谷,那顶多也只能碾三十五斤米哩,而我又正值疯长年龄,往往不出二十天,就吃个碗底朝天。于是背个扁篓上继父家"刮油"去。母亲自然晓得崽的来意,但往往面有难色,然总归是自己身上掉下来的肉,能有不心痛的么?她哪怕是去承担做贼的罪名,也不能不管崽的事。母亲总是趁我继父不在场,便上楼去量几升米放进扁篓,然后在上面盖点杂物作掩护。一次,我不小心,竟把扁篓里的米倒了些出来,母亲一见,大惊失色,又气又急又骂又尴尬。那时恰恰继父在场……

然继父从不说母亲。

继父一生好酒,却不贪杯。

我参加工作后,每次回乡探亲,总要从省城买两瓶好酒孝敬继父。他要晓得我回家的日子,到时定要到十几里外的车站去接我。他脚穿草鞋,一根杉木扁担,撬着我的旅行袋,劲鼓搏地边走边讲乡里的好多新鲜事,不时,左手便反过来去摸摸背上的袋子,他像晓得里面是不是装有"手榴弹"哩。有意思的是,年年老样,我刚一进门槛,继父就性急地把个瓷杯洗得惨白,继而把带给他的酒满满筛上一杯,眯着眼睛深深喝上一口,咂咂嘴,说:"味儿蛮正哩。"不一会儿,他竟一手端个酒杯,一手提了瓶,从上屋场走到下屋场:"嘿嘿,咯是我干崽从省里给我打回来的酒啦,来来来,大家试一口看看,味儿正啵?到底与乡里的货不同吧!"哈,待他从外面打个转身回来,那满满一瓶酒就见底了。这惹得好多人都眼红他,说:"再驼子,你发福气哟,干崽比亲崽还有用哩。"我后来想,继父那样做,莫不是就想图了这句话呢?那是他的一种脸面。其实,他柜子里的纯谷酒,要比我带回去的好。我的猜想后来果然得到了验证。

也是匆忙中不该有的疏忽,有一年,我竟忘了给继父带酒。从车站回家的途中,继父一双粗老的手,竟极快地侦察到今年袋里没有自己想要的东西。那天正稀稀疏疏地落着雪,天阴沉着,继父的心情也阴沉着,一路上话就少了许多,他的脚步也似乎没先前健朗了。

快到家门口时,上屋场的王老倌在大门口大声问道:"再驼子呃,你干崽又打了么子好酒敬孝你哕?"若是过去,继父定会亮亮地应一声"有哩!等下你来试味儿就是。"此刻,只听见他喉咙里重重地"哼"了一声。

回到屋,继父放下扁担,解下扎在头上的罗布手巾,抖落一身的雪花,忽又从床铺底下抽出一只我往年带酒给他的空瓶子,他打开柜门,将一壶谷酒灌了进去,自己先喝一口,又像过去一样,端着杯子提着瓶出去了。他神情怪怪的,就连我母亲也大感不解。

只有我心里最明白。

我犯了一个简直不可饶恕的错误。继父这样做，一半是为了他的脸面，还有一半是为了干崽的脸面啊。

这件事，好些年还牵扯在我心头。以后的年年，我宁愿不给母亲买点什么，但总先要想到我憨厚可怜的继父的最小最小的愿望。

继父依旧年年又来车站接我。

继父依旧在天不亮就提了马灯去五里外的杨四庙砍肉回来开汤给我喝……

继父令我回忆。

摆在桌上的饭菜早已冰冷了，我和母亲谁也不想动动筷子。后来还是母亲反过来劝我："人死不能复生，你吃吧，你对干爷生前也好，他会保佑你咯。唉，你干爷苦一世，结果还是困具瓦棺上的岭，要是有个亲生崽，也会想方设法做具木棺哦……"母亲又默默流泪。

我心底涌起一层悲凉。

继父的一生就是这么一个极简单的过程。

第二天，我提了"三牲"和这两瓶酒来到继父的坟前。一夜的大雪，把整个坟堆覆盖得像偌大的蒙古包。这时天已放晴，四周没有一丝儿风，只有松枝上时而滑落下积雪的响声。我用手扒开雪，便闻见新土的芬芳，我将两瓶酒轻轻洒在亡父的坟前……

年年又回家，继父，你可还会来接我？

年年又带酒，继父，你可还会喜欢喝？

远亲不如近邻

早就听人们说，我们居住的这个大院很快就要拆迁，将要在此建设新的住宅小区。听到这个消息，在这个大院中引起轰动效应，人们心里七上八下的反到不安起来。为什么会这样呢？

俗话说，远亲不如近邻。我们居住在大院的邻里之间已经形成了一种难舍难分的亲情，是感情的纽带把我们邻里之间联络在一起不愿分开。

这个大院久矣，能容纳下几十户人家，是个热闹的大集体，从我的童年时代起，我家就住在包头市东河区一个平凡的大院。我曾记得，在我上小学时，我们是在邻居家放钥匙，爸爸妈妈回来晚时，是邻居黄大娘端过来热腾腾的饭菜，让我吃饭并辅导我写作业。夏天，人们吃饭时有时端着饭碗聚在一起吃，谁家吃点稀罕的都要送去尝一尝。晚上，大人们聚在一起天南海北的聊天，孩子们围在大人身边旁听……

我还记得，我的妈妈是这个大院里的热心肠人。谁家小两口吵架，她去劝，谁家的大人或小孩生病了，她跑前忙后，又是送药,又是安慰,谁家的生活有了困难,她总是在利所能及的情况下慷慨解囊予以相助。后来,父亲离休了,单位给我家安了一部电话,从此我家成了这个大院的公用电话亭了。谁家有急事上我家打电话,爸爸妈妈总是乐呵呵的以礼相待,谁家的远方亲戚打来电话找人,爸爸妈妈接到电话后总是忙着去找人。接电话这样的小事一天也有几起,时间长了,家里人不免有点厌烦,但爸爸妈妈总是劝我们,给人方便,自己方便,一个大院里住这么多年,谁家有困难帮一把,这是做邻居应尽的义务,现在我家有了电话的方便条件,给大家图个便利有什么不好呢?一席话,说的我们做子女的心里即惭愧又热乎。是呀!有什么比和和睦睦相处的邻里之间更亲密呢!

后来,我从这个大院下乡到了郊区毛其来,抽回来后参加了工作,又从这个大院出嫁,离开了这个令我童年难忘的大院,虽然这个大院我去的少了,但我回娘家时,总要看看邻居们,邻居们有时也来看看我这个被他们亲切称为二闺女的孩子。

回到大院,我又想起了小时候我和同伴们满院子嬉戏玩耍的情景。晚上伴着淡淡的灯光,母亲总是和我聊起大院里的邻居们,左邻右舍的亲情。妈妈说:"你们都住青昆两区,到了秋天买菜买煤没人手,那次拉煤就是毛蛋哥俩帮着搬回来的。有什么急事,邻居都过来照看。去年那场突发的脑溢血病,要不是邻居发现的及时打电话告诉你们赶来,我恐怕早就没命了。"说着,母亲掉下了眼泪,我也深深地被邻居们这种团结友爱,互相帮助的精神所感动。我们大院这些邻居就是这么和睦相处,结下难舍难分的亲情。

　　我看着眼前即将拆迁的大院,悲喜交加。喜的是,在大院住了这么多年,吃尽了冬天烧炉子掏灰搬煤,夏天苍蝇蚊子乱飞,污水横流的苦头,盼来了住新式高楼的日子。悲的是我和我的一家人在这个大院里的邻居们结下的友谊,还真有点难舍难分难忘。

　　大院历史的演变,反映了我们这个时代的风貌,大院最终拆迁,证明了事物总是在推陈出新,我们的祖国一天天地由贫变富起来。

　　大院拆迁了,我和邻居们相聚的日子少了,可我和邻居们结下的友谊是永远忘不掉的。它会随着时光的流逝,在我的心上,在邻居们的心里酿成一罐醇厚香甜的美酒,越品越有滋味的故事。再见了!邻居们,我想念你们!

善良的哥哥

30年前,我出生在冀东的一个小山村。由于家境贫穷,童年的我生活一直很灰暗,疾病与饥饿始终伴随着我的成长。我的哥哥仅比我大一岁,长得和我一样瘦小枯干,穿得和我一样破衣烂衫。因为是哥哥,所以他处处疼爱我,照顾我,有好吃的都主动让着我。

1977年夏,我们哥俩一块儿到村里的小学读书。在学校我们学习都很努力,成绩也很好,一直是班里数一数二的尖子生。初中毕业后,我和哥哥一同考上了县一中,但哥哥却自愿放弃了到县城读高中的机会,迈进了与初中只有一墙之隔的镇办高中,以便能够挤出时间来帮父母干农活、料理家务。

每当周末回家,我们兄弟俩相聚,我都会兴高采烈地向哥哥炫耀自己那并不很优异的学习成绩。哥哥总是微笑着听我讲完,有时拍拍我的肩膀给我鼓劲:"继续努力!"然而当我问起他在校的成绩时,他却摇着头淡淡地说:"一般。"

高中毕业那年,我和哥哥一同参加了高考。成绩公布后,我勉勉强强地考入了省城的一所高校，成了乡里为数不多的几名大学生之一。这足足让我风光了一时，亲友们都向我投来赞许的目光，我也开始飘飘然。而哥哥却懊丧地宣布自己名落孙山，从此便回到家里同父母一起下地种田。第二年他独自一人背着行囊到省城打工，挣钱供我上学，并且还要偿还家里前些年欠下的一大笔债。

哥哥打工的那家私人小厂离我们学校很近，起初他经常去学校看我，顺便给我送生活费。但这却让我很是难堪，因为我不想让同学们知道那个穿着一身脏兮兮的工作服，头发乱糟糟，脸颊瘦削的年轻人就是我哥哥。更何况我那时正在追求班里一个女孩，她的家境颇好，父母都是干部。我对她讲，我的父亲是个乡长，哥哥是乡里的办事员。那天我婉转地告诉哥哥以后别再来找我，钱可通过邮局寄送。哥哥很快就明白了我的意思，以后每隔一段时间我就会收到附近一家邮局寄来的汇款单，而当室友们问起汇款人是谁时，我就告诉他们是我在省城的一个亲戚。

大学毕业后，我回到了家乡所在的海滨小城，并靠自己的文凭谋了一份颇为清闲的工作，不久又娶了一位科长的女儿为妻。然而哥哥依旧是孤身一人，家境的贫穷掩盖了哥哥的善良。有时我就想，如果哥哥当初也能够努力学习，那么他今天就可能和我一样坐在宽敞明亮的办公室里，住进整洁干净的寓所里，并且还可以娶到一个容貌不错的女子为妻。

去年春节放假，我携妻带子一起回老家过年，见到了哥哥。此时哥哥已经放弃了打工生涯，回到家里安分守己地种地、搞养殖。30岁刚出头的哥哥看上去很是苍老，原本瘦削的脸颊已满是皱纹。母亲欣喜地告诉我,邻村一个离过婚的女人已经同意嫁给哥哥,条件是要带一个6岁的小女孩过来。我心里顿时一阵难过,哥哥的命真苦,竟落到了这般地步。

春节过后,我和妻要回城里上班。临行的前一天晚上,儿子偷偷溜进了哥哥的房间,想搜寻有没有好玩儿的乡下东西带回去向城里的小朋友炫耀。最后他在床底下发现了一个木箱子,由于自己拖不动,便把我也拉进了哥哥的房间。我从床下拖出箱子,犹豫了片刻然后打开了,见里面全都是哥哥上学时用过的各种书籍,以及他念高中时得的奖状、三好学生证书等物。在箱子最底下有一个塑料包,我打开塑料包,顿时惊呆了——一张鲜红的"大学录取通知书"赫然呈现在我的眼前!

这时我似乎觉得身后有人,猛一回头,见哥哥正木然地站在我身后。内疚、惭愧、感激一下全都涌上我心头,交汇成巨大的洪流,海潮般地冲击着我的身躯。我"扑通"一声跪倒在哥哥面前,泪如雨下……

善良的哥哥,竟不惜放弃到名牌大学就读的机会,而成全了我这自命不凡的弟弟!

亲爱的弟弟妹妹

那年,我中专刚毕业,21岁,是回乡工作的第一年。

老家是日式房子,除了外公独自一房外,剩下两间房的榻榻床上,挤满了大批人马。外婆、妈妈、妹妹三人一间,我跟九岁大的小弟同睡一间。即使是冬天,为了怕蚊子袭击,绿色蚊帐是终年不收的,这也成为记忆中的一景。

乡下人睡得早,大概十点不到,全家人早已进入梦乡。那晚,如往常般,等我回家,梳洗毕,爬回我的"床位"时,大家早已熟睡。疲惫的我,正想加入呼呼大睡阵容时,就着小夜灯的黯淡光线,突然发现小弟的枕头旁有只白色的旧袜子,还挺大的!不知道他拿大人的袜子来干吗?

豁然,我脑海一闪而过,莫非,今晚是……

我赶紧"爬"到另一个房间,看看11岁的妹妹枕头边,以证明我的想法。果然,妹妹也有一只大大的旧袜子,不过比小弟那只好看一些,看来她连贿赂圣诞老人的袜子都懂得挑好一点的。那么,想必小弟是有样学样,而且是傻傻地连袜子都凑合着用。

17

此刻，全家都呼呼大睡，有谁知道这两个小毛头的期待？即使睡意再浓，为了不让他俩失望，我赶紧爬下床。但这么晚了，小镇上的商店大概都打烊了吧。

还好，附近的一家精品店还开着，我赶紧买了一些可爱的文具，分别塞到他俩的大袜子里，这才安心睡去。

隔天一早，朦胧中听到小弟寻看袜子后很兴奋地叫醒妹妹："真的有圣诞老人耶！"两个小毛头互看礼物、交头接耳，一旁的我假装继续睡觉，什么事也不知道，憋着笑。

他俩讨论了一会儿，决定问个明白。小弟唤我："阿姐，圣诞老人是不是你？"我睁开朦胧的双眼，故作不解："什么圣诞老人？为什么你们有礼物，我没有？"

介于"相信圣诞老人存在与否"边缘年纪的他们，半信半疑。那年，他们每隔一段时间都会问我："圣诞老人就是你吧？"

13年后的现在，妹妹已经大学毕业，小弟也当兵退伍了，他们早就知道圣诞老人是怎么一回事，而我也只扮演过那一次圣诞老人。偶尔忆起他们小时候的模样，以及种种童年往事，尤其到了这个季节，我的记忆飘啊飘，便回到老家当时的场景，还有那句纯真的轻呼："真的有圣诞老人！"每每让我觉得温暖满盈。亲爱的弟弟妹妹，圣诞快乐！不管你们年纪多大，我都愿意当你们的圣诞老人。

用心来爱家

在家庭生活中,你有没有想过是谁让你的生活如此的舒适?又是谁给你做好可口的饭菜?

你是否会用心感悟过自己身边的温馨?你是否用心体会到家人给你的关爱?这些细小的微不足道的温馨渗透在你的生活里,隐藏在你的生活中,时时刻刻地围绕在你的身边。

当你还在睡眼惺忪之时,你能隐隐约约听到母亲在厨房里为你准备早餐时发出的动静声响。

当你起床洗漱完毕以后,看到了母亲已经把早餐放在餐桌上或者已经为你盛好早饭正等着你去享用。

当你出门时看到了家人已经为你准备好的上学书包或是上班的公文包及已经擦亮的皮鞋,又或是下雨天出门前为你准备好的雨具。

当你看到手机里收到的父母的那些关心和问候,那些提醒你天凉加衣、天热防暑、生病求医的关照时。

当你在家学习或工作时,母亲亲自送过来的一杯牛奶、一盘

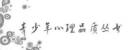

水果或者是一句"夜深了,你应该睡觉了"的话语。

当看到已经洗晒干净并折叠好放在你床上的换洗衣服时,当看到你到处乱丢的臭袜子已经洗净晒干时。

当你孤身在外山穷水尽,剩下的钱已经难以为继,突然收到了父母发来已经汇钱给你的短信时。

当母亲以啰嗦和唠叨的方式与你交流的时候,你会耐心听凭母亲的唠叨和啰嗦吗?你是否也从中体会到了家庭的温馨?

当你又要忙着带孩子又要忙着工作而忙得喘不过气来,听到敲门声开门后看到突然出现在家门口的父母时。

当你下班回家进门后看到那些热气腾腾已经做好的晚餐,当你饥肠辘辘回到家后闻到饭熟菜香的味道时。

当你生病躺在床上看到父母焦虑的眼神、忙乱的脚步、关切的神态,以及为你倒水督促你吃药时。

当你事业有成,父母为你感到骄傲或者以你为荣时的表情,或者是在亲戚朋友面前故意昂首挺胸时的表现。

当然,还有许多生活中出现的温馨细节,无法一一列举。

当父母、爱人为我们做这些的时候,我们应该怀着一颗感恩的心来面对,不要再认为这是家人理所应当地为自己做这些事情。实际上,没有人应该为我们做些什么,当家人给予我们关爱的时候,我们应该为这样的温馨举动而饱含深情地说:"谢谢,你们辛苦了!"

叩开李红飞的家,一股温馨感扑面而来,典型的三口之家,在女主人的精心装扮下,简洁而不乏典雅,一排落地书柜,装满了各种书籍,一家人在柔和的灯光下相拥而读的场面,在这个浮华的世界中已经寥若晨星,在这个极致的天地中,一家人自得其乐!

李红飞的爱人王丽是东港小学的一名数学老师,从教已经15年,并获得了小学高级教师职称。15年来兢兢业业,一心扑在三尺讲台上,并历任带班主任,对学生倾注了满腔热情。在东港小学教师博客中,王丽的博客"荷香别苑"里记载了她的诸多从教经验和心得,字里行间无不流露出她的真情实感。小荷才露尖尖角,荷香满苑自天成。他们的女儿活泼可爱,现在正上小学五年级,每年都是三好学生,弹得一手好古筝,已经达到10级演奏水平。每每那清远悠长的琴声响起时,必是一家人最温馨幸福的时刻。相亲、相敬、相爱,全家和睦相处、互相支持,共同营造和谐的家风,拥有四季如春的家庭氛围。

家人的支持和理解,让李红飞安心扑在岗位上,作为三大班的班长,他常年坚守在码头生产的最前沿,寒来暑往,孜孜以求,一步一个脚印,用行动见证了公司业务的不断发展,用一颗挚诚的爱港之心,挥写了自己的不凡业绩。在设备满负荷运转的条件下,他带领全班职工,攻坚克难,解决了一个又一个疑难故障,确保了生产按序进行。由此,东泰供电所运行班被誉为公司电气抢修的"110"。

由于码头的特殊情况,家里的琐事都落在爱人的肩上,照顾年幼的女儿,看望年迈的父母,李红飞常常对此无暇顾及。但是,李红飞的爱人从无怨言,在安排好教学工作的同时,默默地把一切承担了下来。

李红飞一家是温馨的一家,他在忙于工作的时候,爱人王丽总是默默地承担起家庭的重任。他们是整个社会的缩影,正是有千千万万这样的家庭,我们的社会才更加和谐。

　　家是温馨的港湾,是我们心灵的乐土。如果每个家庭都能做到孩子感恩父母,爱人之间互相感恩,家庭应该是多么的温馨啊!

第二章 感悟大美母爱

爸爸妈妈

　　是父母把我们带到这个世界上的，从我们呱呱落地的那一刻起，父母就再也没有清闲过，父母无怨无悔担负起抚养我们的重担，为了能给我们一个舒适的生活环境，他们总是那么辛苦，那么努力。小的时候，我们把这当做天经地义，因为我们不了解，也不知道父母的辛苦。

　　当我们大了的时候，应该怀着一颗感恩之心去体谅父母，应该担当起照顾、孝敬父母的责任。

　　因为父母才有了我们。才使我们有机会在这五彩缤纷的世界里体味人生的冷暖，享受生活的快乐与幸福，是他们给了我们生命，给了我们无微不至的关怀。儿女有了快乐，最为开心的是父母。儿女有了苦闷，最为牵挂的也是父母。父母给我们的爱，比大海还深，比天空还高，因此，不管父母的社会地位、知识水平以及其他素养如何，他们都是我们今生最大的恩人，是值得我们永远去爱的人。

　　父母为子女撑起了一片爱的天空，当你受伤时、哭泣时、忧郁时、难过时,你可以随时回到这里,享受父母的爱,这便是他们的幸福了。感恩父母,哪怕是一件微不足道的事,只要能让他们感到欣慰,这就够了。

电视台曾播过一篇感人的广告:一个大眼睛的小男孩吃力地端着一盆水,天真地对妈妈说:"妈妈,洗脚!"就是这样的一部广告,时至今日仍在热播,动人的原因,不是演员当红,而是它的感情动人心腑,不知感染了多少天下的有情人。很多人为其流泪,不只为了可爱的男孩,也为了那一份至深的爱和发自内心的感恩。

孝敬父母是中华民族的传统美德,而且我们还有这么一句话,就是"百善孝为先",意思是说,孝敬父母是各种美德中第一位的。

古人说:"老吾老,以及人之老;幼吾幼,以及人之幼。"我们不仅要孝敬自己的父母,还应该尊敬别的老人,爱护年幼的孩子,在全社会形成尊老爱幼的淳厚民风,这是我们新时代学生的责任。

子路,春秋末鲁国人。在孔子的弟子中以政事著称,尤其以勇敢闻名。但子路小的时候家里很穷,长年靠吃粗粮野菜度日。有一次,年老的父母想吃米饭,可是家里一点米也没有,怎么办?子路想到,要是能翻过几道山到亲戚家借点米,不就可以满足父母的这点要求了吗?

于是,小小的子路翻山越岭走了十几里路,从亲戚家背回了一小袋米,看到父母吃上了香喷喷的米饭,子路忘记了疲劳。邻居们都夸子路是一个勇敢孝顺的好孩子。

下面这个故事说的是父母无私奉献的事情，即使是剩下最后一点力量，也要把它送给自己的儿女。

很久以前，有一棵苹果树。一个小男孩每天都喜欢来到树旁玩耍。他爬到树顶，吃苹果，在树阴里打盹……他爱这棵树，树也爱和他一起玩。随着时间的流逝，小男孩长大了，他不再到树旁玩耍了。

一天，男孩回到树旁，看起来很悲伤。"来和我玩吧！"树说。"我不再是小孩儿了，我不会再到树下玩耍了。"男孩答道："我想要玩具，我需要钱来买。""很遗憾，我没有钱……但是你可以采摘我的所有苹果拿去卖。这样你就有钱了。"男孩很兴奋。他摘掉树上所有的苹果，然后高兴地离开了。自从那以后好长时间男孩没有回来，树很伤心。

一天，男孩回来了，树非常兴奋。"来和我玩吧。"树说。"我没有时间玩。我得为我的家庭工作。我们需要一个房子来遮风挡雨，你能帮我吗？""很遗憾，我没有房子。但是，你可以砍下我的树枝来建房。"因此，男孩砍下所有的树枝，高高兴兴地离开了。看到他高兴，树也很高兴。但是，自从那时起男孩又是很久没再出现，树很孤独，伤心起来。

突然，在一个夏日，男孩回到树旁，树很高兴。"来和我玩吧！"树说"我很伤心，我开始老了………我想去航海放松自己。你能不能给我一条船？""用我的树干去造一条船，你就能航海了，你会高兴的。"于是，男孩砍倒树干去造船。他航海去了，很长一段时间未露面。许多年后男孩终于回来了。"很遗憾，我的孩子，我再也没有任何东西可以给你了。没有苹果给你……"树说。

"我没有牙齿啃。"男孩答道。"没有树干供你爬。""现在我老了，爬不上去了。"男孩说。"我真的想把一切都给你……我唯一剩下的东西是快要死去的树墩。"树含着眼泪说。"现在，我不需要什么东西，只需要一个地方来休息。经过了这些年我太累了。"男孩答道。"太好了!老树墩就是倚着休息的最好地方。过来,和我一起坐下休息吧。"男孩坐下了,树很高兴,含泪而笑……这是一个发生在每个人身上的故事。那棵树就像我们的父母,我们小的时候,喜欢和爸爸妈妈玩……长大后,便离开他们,只有在我们需要父母亲,或是遇到困难的时候,才会回去找他们。尽管如此,父母却总是有求必应,为了我们的幸福,无私地奉献自己的一切。

这就是我们伟大的父母,为我们贡献他们最后的一份力量,还乐此不疲。我们的一生也许都在索取,却很少想到感恩,父母对我们的恩情,可以让我们受用一辈子。我们不能等到父母老去的时候,才想起要报答他们。感恩可以从一件小事做起。

母爱的力量

　　军事家米尔说:"母爱是世界上最伟大的力量"。是的,母亲把她的爱完整地给了我们, 她不会将这种爱分享给身边其他的人,甚至包括她们的父母和她们的爱人甚至她们自己。

　　母亲永远忍耐我们的缺点,忍耐我们让她不断伤心,并且永远用慈爱来回馈我们的伤害。

　　母亲永远不会夸耀自己为我们所做的事情, 也不向我们索要报答。母亲永远不会奢求从我们身上获得什么好处,只是源源不断地向我们身上投入。在我们成功的时候,母亲会远远地为我们祝福,并为我们感到高兴。

　　我们永远也不会忘了, 在2008年8月30日攀枝花地震中,那位伟大母亲的背影。

　　2008年8月31日凌晨2时许, 西昌市消防中队40多名队员刚刚赶到会理县黎溪镇新桥村,就遇到一中年男子求救。这名男子称地震发生时,自己妻子和15岁的儿子、9岁的女儿正在吃饭,结果不幸被垮塌的房子掩埋。由于他在外打工刚回来,并不清楚自己一家三口所处的具体位置,因此救援队员只得凭"吃饭"这一线索,将厨房、堂屋两地作为突击搜救点,实施救援。

由于他们一家居住的是土坯房,垮塌后已变成一堆红土,根本分不出原有结构,因此厨房、堂屋的准确位置无法正确辨认,一连五六个小时的搜救没有任何进展。不得已,大家只得从废墟边上开始,展开地毯式搜索,一点一点地掘进。不久,救援人员在堂屋找到了被埋的15岁少年,他是中年男子的儿子,已经死了。

31日上午10点钟,消防队员发现了线索,在一堆废墟里,发现了一把红色的梳子,梳子旁边,露出几缕头发,由于长时间的深度掩埋,发丝已变得毛糙、枯黄。8个多小时的搜救终于又有了进展,于是消防队员进行了紧急救援,所有救援人员都非常激动,冲在最前线的4个战士更是用出了吃奶的劲儿,加紧挖掘。但随着周围夯土一点一点被刨开,他们心里却越来越不安了,"没找到的时候着急,找到了又害怕她们已经遇难……"当被困者头部露出来时,他们竟然不约而同地停下了,因为没有人忍心去看她们的生死。

终于找到了她们,这次是求救男人的妻子,已经死亡。他们心情沉重地继续挖掘,却发现了一个"奇特"的姿势:这位中年妇女面部朝下,背部上拱,双手呈拥抱状,右手还握着筷子。

"干了这么多年救援,就从没见过这样的场面。"有人回忆说。

"下面肯定还有人!"一名士兵大叫起来,"汶川大地震的时候,这样的情况很多!"

母女俩被完全刨出来时,依然保持着紧紧相拥的姿势。救援

第二章 感悟大美母爱

官兵对她们实施了分离,但因为她们抱得太紧,分离花了差不多20分钟,即便是完成分离后,这位母亲依旧保持着拥抱的姿势。

原来,正在吃饭的母亲,在地震袭来的瞬间,用自己的身体护住了一旁的女儿,连手中的筷子都没来得及丢掉。无情的地震夺走了母女俩的生命,但当救援官兵把她们从废墟中刨出来时,她们僵硬的身体依旧保持着紧紧相拥的姿势,在死亡的最后一刻,母亲依旧保护着她的女儿。

这就是伟大的母亲所展现给我们的光彩,同时也让我们对这位母亲肃然起敬。因为当灾难来临的瞬间,她用爱的姿势证明了母爱的伟大。

在关键的时候,总是母亲在帮助我们,甚至牺牲自己的性命挽救我们。

他们决定去春游,而且儿子在上个星期就喊了很多次,父母不得不答应他的请求,于是挑了一个风和日丽的日子。一家三口玩了整整一天,很高兴地就回来了,还买回来儿子渴望已久的奥特曼,但是谁也没有想到不幸就这么发生了。

在回来的路上,突然下起了大雨,紧接着是山崩,还有泥石流,车子顶不住这么恶劣的天气,车子翻了,父亲被当场砸死,母亲和孩子被困在车中。眼看就要被活活闷死,母亲想:儿子还这么小,他还有很多美好的人生没有体验到。于是,母亲用尽全身力气,将挡风玻璃砸得粉碎,并用尽全身力气把自己年仅7岁的孩子送出车去。

妈妈要做你的榜样

那是她生命中最难忘的日子。

去领困难补助金的那个早晨天气格外晴朗，全家人一大早就起床了。吃完早饭，她和儿子换上最好的衣服，在丈夫一声声"路上小心"的叮咛声中走出家门，朝民政局走去。

民政局的会议室里坐满了人，有和她一样来领困难补助金的居民，有前来采访此事的众多媒体记者。

她和几十个人站成一排，从领导的手里接过困难补助金，大大小小的摄像机镜头对准着他们，闪光灯纷纷亮起……

她忽然记起以前出现过的同样情形——也是无数镜头对准着她，也是闪光灯亮得睁不开眼睛，可那时她把腰杆挺得格外直，脸上是灿烂的笑容，手上是大红的劳动模范证书……

牵着儿子的手走出大门，她的泪水忍不住涌了出来。她的泪水里既有酸楚，也有羞愧，更多的是对自己命运的悲哀。

她18岁就参加工作了，28岁当上市里的劳动模范，35岁因工厂倒闭不得不下岗。下岗后，她和丈夫开了一家小超市。一天，她和丈夫去进货，不幸在路上发生车祸，从此丈夫只能坐在轮椅上，她瘸了一条腿。死里逃生后，他们家家境一落千丈，一家三口只能靠城市低保金为生。

低保金一个月只有380元，一家三口的一日三餐在里面，水费、电费、煤气费在里面，丈夫的营养费、儿子的书本费也在里面……艰难的日子让她窒息。望着不能动弹的丈夫，看着才10岁的儿子，她甚至想过干脆买一包老鼠药，拌进米饭里……

在她最绝望的时候，街道办事处的工作人员告诉她一个好消息：已将她家列入本城首批享受困难补助金的家庭里，从下个月开始，她家每个月可在低保金的基础上再领300元。

走在路上，她悄悄抹去眼角的泪水。儿子摇着她的手臂撒娇："妈妈，我们今天有钱了，你给我煮肉吃好不好？"她看着儿子的小脸，心里有说不出的酸楚。虽说自己每星期都挤点钱出来买点肉为儿子改善伙食，可儿子正是长身体的时候，那点肉对他来说能顶什么事？

她带着儿子往菜市场走去，一路上走着便盘算好手里300元的用途。站在肉摊前，她指了指最便宜的那类肉对摊主说："来一斤这个。"儿子不干了："妈，太少了。"她咬咬牙说："那就来一斤半吧。"

提着那块肉走在回家的路上，儿子还是不满意："妈，你就多买点儿，炖一大锅，我们美美地吃一顿。"她笑了："这个月把钱花光，下个月不吃饭？"儿子一昂头说："下个月不是还发给咱们钱吗？这个月花光了，你下个月再去领。"儿子的这句话让她感到从未有过的震惊，仿佛有一根线一下子勒紧了她的心脏，紧得她说不出话来。她没想到儿子会有这种想法——只因为有这样那样的困难就可以不必劳动、不必奋斗,就可以心安理得地拿政府的补助!难道儿子将来要靠低保、补助金过一辈子?

那天晚上,看着摊在桌子上的崭新钞票,她一夜没有合眼,儿子白天说的那句话一遍遍地在她耳边回响。她对自己说:"我会劳动,也能劳动,曾经获得的那么多荣誉都和劳动有关,难道如今瘸了一条腿就不能劳动?我还有一双健康的手,应该靠自己的手养活一家人、养活儿子!我不能让儿子将来靠领困难补助金过日子……"

一星期后,她在市场的一角支起一个小摊卖水饺和馄饨。她的水饺和馄饨皮薄、馅多,而且绝对新鲜卫生。一年后,她开了一家早餐店,但店里只能放3张小方桌。

3年后,她有了一家能放7张桌子的店铺。

再后来,她的店开在繁华的大街上,店面堂皇,可以承办各类宴席……

现在,逢年过节,她都会随街道办事处的人去慰问低保户,为他们送米、送油、送钱。除了安慰与关心,她总会比别人多问一句:"我的店里有工作岗位,你愿意来吗?"

当然,她的儿子已经长成小伙子了,和同龄的孩子一样健康阳光。不同的是,他从上中学开始,每逢寒暑假都在妈妈的店里打工。

儿子一直记得10岁那年的事,不是因为记性好,而是妈妈常常重复那天的事、重复他说过的话。妈妈每次讲完这件事,总会加上一句:"我不想你长大后成为依靠别人的人,所以儿子,我一

定要成为你的榜样!"

儿子说:"其实我记得最清楚的是另一件事。妈妈卖饺子和馄饨的第一天很晚才回来,她一进屋,手也来不及洗就径直走到我面前,将1张五元、1张两元的纸钞和4个一角的硬币一字排开,整齐地放在我面前的桌子上,认真地看着我说:"儿子,妈妈今天挣钱了,这是妈妈用劳动挣来的,不是人家发给我们的……"说到这里,这个身高近1.8米的小伙子眼圈红了。

粗糙的大手

夜复一夜,她都过来给我掖被子,甚至在我的童年过去很久之后还是那样。这种习惯由来已久,她常常俯下身,拨开我的长发,然后吻我的前额。

我不记得最初从什么时候开始讨厌她用手拨开我的头发。但那的确让我讨厌,因为她长期劳作的手摸在我细嫩的皮肤上是那样粗糙。终于,有一天夜里,我朝她大声喊道:"不要再这样做了——你的手太粗糙了!"她什么也没有说,但母亲再也没有用那种熟悉的爱的方式来结束我的一天。

光阴荏苒,日月如梭,许多年后,我的思绪又回到了那天夜里。那时我想念母亲的手,想念她留在我前额上的晚安之吻。有时这情景似乎很近,有时又似乎很远,但它总是潜伏在我的脑海深处。

噢,时光流逝,我不再是小姑娘了。母亲也已经七十四五岁了,那双我曾认为粗糙的手仍在为我和我的家庭做事。她是我们的医生,常常伸手去药箱里给我胃疼的女儿找药或为我的儿子擦伤的膝盖敷药。她能做出世界上味道最美的炸鸡,能洗掉牛仔裤上我永远洗不掉的污点……

现在,我自己的孩子都已经长大成人,离开了家。爸爸也撒手而去了。在那些特殊时刻,我常常情不自禁地走到隔壁,和她一起过夜。因此,一次感恩节前夕,到了深夜,我睡在年轻时的卧室里时,一只熟悉的手迟疑地滑过了我的脸,拨开了我前额的头发,随后一个吻触在了我的前额上,是那样轻柔。

我在记忆里无数次回想起那天夜里我年轻气盛发的牢骚:"不要再那样做了——你的手太粗糙了!"我握住母亲的手,脱口说出了我是多么后悔那天夜里自己所说的话。我以为她会像我一样记得这件事。但妈妈不知道我在说什么,她早已忘记了这件事,也早已原谅了我。

那天夜里,我带着对温柔母亲和她体贴双手的新的感激之情进入了梦乡。而且,我长久以来的内疚感也消失得无影无踪了。

母亲最后的礼物

那件宽松的黄衬衫有长长的袖子,4个特大口袋周围用黑线镶边,胸前缀有按扣。由于穿了多年,已经褪色,但外观仍然得体。我是1963年学校放假回到家后在妈妈想送人的几袋衣服里翻找时发现的。

"你不是要留那件旧衣服吧?"妈妈看到我在叠那件黄衬衫时说。"1954年我怀你弟弟时就穿着那件衬衫!"

"这正是我上艺术课时想穿在外面的衣服,妈妈,谢谢!"我没等她反对,就把它塞进了自己的衣箱。

这件黄衬衫就成了我大学衣柜里的一个组成部分。我非常喜欢它。大学毕业后,搬进新公寓那天和每星期六早上打扫卫生时,我都穿着这件衬衫。

第二年,我结婚成家。在怀孕挺着大肚子的那些日子,我穿着那件黄衬衫。我想念妈妈和家里其他人,因为我们住得相距很远。但那件衬衫帮了我的忙,我想起15年前妈妈怀孕时穿着它的样子,露出了微笑。

37

那年圣诞节,想起黄衬衫曾带给我的温暖感觉,我在那件衬衫的一个肘部打上补丁,洗净熨平后,用节日彩纸包好,寄给了妈妈。

妈妈写信感谢我送给她这件"真正"礼物时,说那件黄衬衫非常漂亮。她后来再也没有提起过它。

又过了一年,我和丈夫、女儿顺路去爸妈家搬了一些家具。几天后,当我们打开饭桌的包装箱时,我注意到有一件黄东西系在桌子底部。是那件黄衬衫!母亲就这样先开了头。

第二次回家时,我悄悄地把衬衫放在了爸妈的床垫下面。我不知道妈妈多长时间后才发现了它,但差不多过了两年,我才在客厅的落地灯座上发现它。现在我整修家具表面时,黄衬衫正好派上用场,它上面的胡桃色印迹使它增添了特色。

1975年,我和丈夫分道扬镳。我带着三个孩子,准备搬回从小长大的那个地方。我打点行装时,突然感到一种深深的沮丧。我不知道靠自己是不是能成功,我不知道自己会不会找到一份工作。我一页一页翻着《圣经》,想从中寻找安慰。在《以弗所书》中,我读到:"因此,无论敌人何时攻击你,都要用上帝的每片盔甲来抵抗他;而当一切都结束时,你就会站立起来。"

我尽力想像着自己穿着上帝盔甲的情景,但我所看到的只有那件暗黄色的衬衫。慢慢地,我明白了。母亲的爱不就是上帝的一片盔甲吗?我重新又获得了勇气。

在我们的新房里打开行李时,我知道自己得把衬衫还给妈妈。我又一次去看她时,将黄衬衫塞进了她的梳妆台最下面的抽屉里。其间,我在广播电台找到了一份好工作。

一年后，我发现那件黄衬衫藏在清扫用具储藏室的一只破布袋里。它上面增添了一些新东西，袋上用鲜绿色的线绣着"我属于帕特"这几个字。

我没有被难倒，拿出自己的绣花布料，又在后面添上了撇号和7个字母。现在，衬衫上得意地写着："我属于帕特的母亲。"

但我并没有就此打住。我用针脚弯弯曲曲将所有磨损的线缝补好，装进一个精美的盒子里，让一个朋友从城外寄给我的妈妈。我们还附上了一封"贫困协会"的公函，显示这件奖品是专门颁发她这个行善的人的。

要是能看见她打开这个盒子，我愿付出所有的一切。可是，她确实再也没有提起这件事。

两年后，1978年，我改嫁他人。婚礼那天，我和哈罗德把我们的汽车停放在一位朋友的车库里，以防恶作剧者。婚礼过后，在丈夫开车带我去我们的蜜月套房的路上，我伸手拿了车里的一个枕头，头靠在上面。枕头凹凸不平。我拉开枕套的拉链，发现了用婚礼彩纸包着的那件黄衬衫，一个口袋里还有一张字条："看一下《约翰福音》第14章第27至29节。我爱你们俩。妈妈。"

那天夜里，我在旅馆套房里，翻开一本《圣经》，找到了那些章节："我要留给你一件礼物：心灵的平静。我给你的平静不像世界给你的那样脆弱。所以，不要烦恼和害怕。记住我对你说过的话：我虽然要走，但我还会回到你身边。你要真的爱我，就会为我感到非常开心，因为我现在可以去见圣父了，他比我更加伟大。在这些事发生之前，我将它们都告诉你，以便它们真的发生时，你会相信我。"

黄衬衫是母亲最后的礼物。她3个月前就知道自己得了晚期肌萎缩性脊髓侧索硬化症(ALS)。第二年,母亲撒手人寰,时年57岁。

我禁不住想把那件黄衬衫伴送进她的坟墓,但现在我很高兴自己没有那样做,因为它栩栩如生地提醒着她和我玩了16年的那个爱意浓浓的游戏。

此外,我的大女儿现在也上了大学,学的是艺术专业。艺术专业的每个学生都需要一件带有大口袋的宽松的黄衬衫。

世上最艰难的工作

"先生,我是来应聘的。"

"你可知道,这不是普普通通的工作,这是世上最艰难的工作!"

"站在你面前的,正是世上最优秀的员工!"

"既然如此,我们这就开始。请问,你具备采购、预算、记账、产品管理等方面的经验与才能吗?"

"嗯……没……没有。但我曾经参加过青少年商社的一个活动,还在街上卖过衣架呢!"

"唔……你能不能敏锐地看出一个人的长处和短处,并扬长避短使其优势得到最大发挥?"

"我在大学修过心理学。"

"若发生纠纷争执,怎么解决?这份工作充斥着争吵哭骂声,你得善于倾听,通情达理,面面俱到,让人心服口服。"

"嗯,这个嘛……我曾经成功说服警察撤销开给我的罚单。"

"好吧,如此看来,上面说的你都不怎么样。不过说不定你会拥有我们最需要的才能。这份工作,这份世上最艰难的工作,最重要的一个能力就是:制造笑声。"

"制造笑声?您的意思是说笑话吗?我知道一个爱尔兰笑话,好好笑喔。很久很久以前,有两个爱尔兰人……"

"停停停!请问,你对道德与伦理有怎样的认识?有强烈的是非观念吗?是否能长期树立良好的形象?"

"道德与伦理?我写过一篇关于亚里士多德的论文,老师给了我个C+呢!咦……好像是关于柏拉图的吧,记不大清楚了,我总把这哥俩搞混……"

"好了好了,我们继续。现在的社会到处都是陷阱,骗子横行,因特网、电视等媒体也充斥着各种真假难辨的信息,你有信心应对吗?"

"我的社会经验不多,但是如果有人能明确告诉我,哪里有陷阱、骗子,或他们长什么样的话……"

"噢,上帝,你至少有擅长的地方才行!干这份工作,你随时会急火上升心慌气短——你有过人的耐心吗?"

"我很有耐心的,有次我为了一个汉堡包,足足等够5分钟,才开始痛斥服务员!"

"这……说说你的事业抱负吧,你对5年后的自己有怎样的期望?"

"我想,由于在这份世上最艰难的工作上的优异表现,我会很快爬到金字塔的顶端的。"

"不不,没有升职,你始终都是干同样的工作。"

"什么什么?永不升职?"

"对。"

"那……我的上班时间怎么安排?"

"这份工作要求每天工作24小时、一周7天从不间断,不休息,没假期。"

"不能休息?您是说,这份工作不但要多才多能,还得任劳任怨,不存在周末,甚至没有一刻空闲的时候……不过要是有助手的话,则另当别论!"

"没助手。"

"薪水必定奇高啰?"

"一分钱也没有,无偿工作。"

"无偿?"

"对,无偿。"

"喂,我说,这到底是份什么样的工作啊?"

"这份工作叫做——母亲!"

第三章　感悟绝美父爱

父亲第一次给我送花

　　父爱是太阳,即使在乌云密布的日子里,我也能感受到他的光芒。

　　父亲第一次给我送花,是我9岁那年。我学踢踏舞才6个月,学校要举行一年一度的演出。初进合唱队,我兴致勃勃,但我明白自己的角色很不起眼。

　　所以,演出结束,和那些主舞演员一起被喊到了前台,我怀里抱满了长茎红玫瑰时,真让人吃惊。我现在还能感觉到自己站在那个舞台上,脸色羞红,越过舞台看到父亲一边咧嘴笑一边使劲鼓掌。

　　那些玫瑰是我人生里程碑中的第一束,后来每次父亲都会相应送给我一大束。而收到那些鲜花,我总是非常矛盾,既高兴又困窘。我喜爱那些鲜花,但又为这种铺张奢侈而心慌。

　　父亲却不这样。他做什么事都大手大脚。你让他去面包店买一块蛋糕,他会买回来3块。有一次,母亲对他说我需要一条新舞裙,他居然买回来一打。

他这样做常常让我们没有钱去买其他更重要的东西。他买回一打舞裙后，就没有钱去买我真正需要的冬装和我需要的新冰鞋。

有时我会和父亲生气，但时间都不长。他每次必定会给我买一些东西与我和好。显然，这礼物传达了他无法言表的爱。我常常搂住他亲吻他，这种举动无疑会使他再次大手大脚。

后来到了我的16岁生日。这并不是一个快乐的节日，因为我很胖，没有男朋友。好心的父母亲为我举办了生日晚会，这更让我痛苦。我走进餐室，只见餐桌上生日蛋糕旁边有一大束鲜花，比以前的任何一束都大。

我真想藏起来。现在大家都会以为我没有男朋友送花，父亲才送的。甜蜜的16岁，我却很想大哭一场。我也许当时肯定会哭，但我最好的朋友菲利斯低声说："噢，你有这样的父亲真幸运。"

光阴荏苒，日月如梭，其他特殊时刻——生口、演出、获奖、毕业典礼——都会有爸爸的鲜花。我的情绪仍然在高兴和困窘之间摇摆。

到大学毕业时，我那种矛盾相伴的日子结束了。我踏上了新的人生轨道，订婚成家。爸爸的鲜花是他的骄傲和我的胜利的象征，它们唤起的只有极大的喜悦。

现在感恩节都会有鲜橙色的菊花，圣诞节会有一大束粉红色的一品红，复活节会有白色的百合花，生日会有天鹅绒般的红玫瑰，孩子出生和搬到我们第一座房子时会有时鲜花扎成的花束。

我好运日盛，父亲却日渐衰老，但他仍然给我送花，直到他

70岁生日前几个月因心脏病而去世。我在他的灵柩上放满了我所能找到的最大、最红的玫瑰花,并不感到困窘。

在此后的12年里,我常常有一种冲动,想出去买一大束鲜花摆满客厅,但我始终没有那样做。我知道,那将不再是从前的花了。

后来有一次生日,门铃响了。那天我感到沮丧,因为只有我一个人在家。丈夫打高尔夫球去了,两个女儿到远处去了,13岁的儿子马特也早早就跑了出去,只说了声再见,从来没有提我的生日。所以,我看到马特宽大的身体站在门边,吃了一惊。"忘带钥匙了,"他耸了耸肩说,"也忘了你的生日。噢,我希望你喜欢鲜花,妈妈。"他从背后抽出了一束雏菊。

"噢,马特,"我紧紧抱住他,大声说道,"我爱鲜花!"

搂住了面带微笑的父亲

父爱是一棵大树,即使在烈日炎炎的夏日,也会为我撑起一片荫凉。

"求购小提琴,出价不高。请打电话……"

我为什么偏偏注意这则广告呢?连我自己也搞不清楚。平时我很少注意这类广告。

我把报纸放在膝间,闭上双眼,往事便一幕幕浮现在了眼前:那时全家人含辛茹苦靠种地勉强度日。我也曾想要一把小提琴,但家里买不起……

我的两个孪生姐姐爱上了音乐。哈丽特·安妮学弹祖母留下的那台竖式钢琴,苏珊娜学拉父亲的那把小提琴。由于她们不断练习,因此没过多久简单的曲调就变成了悦耳动听的旋律。陶醉在音乐中的小弟弟禁不住随着音乐的节奏翩翩起舞,父亲轻轻哼唱,母亲也不由自主吹起了口哨,而我只是注意听着。

我的手臂渐渐长长了,也试着学拉苏珊娜的那把小提琴。我喜欢那绷紧的琴弓拉过琴弦时发出的柔媚圆润的声音。"噢,我

49

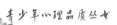

多么希望能有一把琴啊!"但我明白这是不可能的。

一天傍晚,我的两个孪生姐姐在学校乐队演出时,我紧紧地闭上眼睛,以便把当时的情景深深地印在脑海里。"总有一天我也要坐在那里。"我暗暗发誓。

那年年景不好。收成不像我们盼望的那样好。尽管岁月如此艰难,但我还是迫不及待地问道:"爸爸,我可以有一把自己的小提琴吗?"

"你用苏珊娜那把不行吗?"

"我也想加入乐队,但我们俩不能同时用一把琴呀。"

父亲的表情显得非常难过。那天晚上以及随后的许多夜晚,我都听到他在全家人晚间祈祷时向上帝祷告:"……上帝啊,玛丽·露想要一把自己的小提琴。"

一天晚上,全家人都围坐在桌边,我和姐姐们复习功课,母亲做针线活,父亲给他在俄亥俄州哥伦布市的朋友乔治·芬科写信。父亲曾说,芬科先生是一名出色的小提琴家。

父亲一边写,一边把信的部分内容念给母亲听。几周后,我才发现信中的这一行字他没念:"请留神帮我三女儿寻一把小提琴好吗?我出不起高价,但她喜欢音乐,我们希望她能有自己的乐器。"

又过了几周,父亲收到哥伦布市的回信。他对大家说:"只要我能找到人帮忙照看家畜,我们就一起去哥伦布市,到爱丽斯姑姑家过一夜。"

这一天终于到来了。我们全家人驱车前往爱丽斯姑姑家。到那以后,父亲打了个电话,我在旁边听着。他挂上电话后问我:

"玛丽·露,你想和我一起去看芬科先生吗?"

"当然想。"我答道。

父亲将车开进一个居民区,停靠在一座古色古香的楼房前的车道边上。我们登上台阶,按响了门铃。开门的是一个比我父亲年纪大的高个子的先生。"请进!"他和父亲亲切握手,两人马上攀谈了起来。

"玛丽·露,我早就听说过你的一些情况。你的父亲为你准备了一件礼物,一定会让你大吃一惊的。"说完,芬科先生将我们领进客厅,便开始拉了起来。乐曲时而激越高亢,时而像瀑布飞泻。"噢,要是像他那样拉该多好啊!"我心里想。

一曲终了,他转过身对我的父亲说:"卡尔,这是在一家当铺里找到的,才花了7美元,是一把好琴。这下玛丽·露就可以用它演奏优美的乐曲了吧。"说完,他将琴递给了我。

看到父亲眼里的泪水,我终于明白了一切。我有了自己的小提琴!我轻轻地抚摸着琴。这把琴是用金色灿烂的棕色木料制成的,在阳光的映照下显得是那样温暖。"多么漂亮啊!"我激动得透不过气来了。

当我们回到爱丽斯姑姑家时,所有人的目光都投向了我们父女俩,只见父亲正向母亲挤眼。这时,我才恍然大悟,原来只有我一个人还蒙在鼓里。我知道我和父亲的愿望已经得到了实现。

我带着那把小提琴到学校上第一堂课的那天,当时那种万分激动的心情是谁也无法想像的。随后的几个月,我天天坚持练琴,感到抵在颌下那温暖的琴木就像我身体的一部分。

加入校乐队时,我激动得浑身颤抖。我身着白色队服,俨然

51

女王一般。我坐在小提琴组的第三排。

首次公演是学校演出的小歌剧,当时我的心狂跳不止。礼堂里座无虚席。我们乐队成员轻轻地调试音调,观众席里还在叽叽喳喳说个不停。舞台聚光灯射向我们,台下立刻鸦雀无声。我们开始了演奏。我确信观众的目光都在注视着我。我的父母亲也都在看着他们的小女儿,嘴边挂着自豪的微笑。他们的小女儿怀里抱着她那把心爱的琴,让全世界都来赞赏它。

岁月似乎过得太快了。两个姐姐双双毕业后,我便坐上了首席小提琴的席位。

两年后,我也完成了学业,将心爱的小提琴放回了琴盒,步入了成年人的世界。先是接受护士培训,然后是结婚成家。在医院工作的几年里,我先后生了4个女儿。

以后的许多年里,我们每次搬家,我都带着这把琴。每次打开行李布置居室时,我都要小心翼翼地将琴存放好,忙里偷闲时,想着我仍是多么爱它,同时对自己许愿说,用不了多久还会用这把小提琴演奏几首曲子。

我的几个孩子没有一个喜欢小提琴的。后来,她们相继结婚,离开了家。

现在我的面前摆着这张征求广告的报纸。我尽力不再去回首往事,将这则引起我对童年回忆的广告又看了一遍后,放下报纸,喃喃自语道:"一定得把我的琴找出来。"

我在壁橱深处找出了琴盒,打开盖子,将安卧在玫瑰色丝绒衬里中的小提琴拿出来。我的手指轻轻地抚摸着金色的琴木,令人惊喜的是,琴弦仍然完好无损。我调试了一下琴弦,紧了紧琴弓,又往干巴巴的马尾弓上抹了点松香。

接着,小提琴又重新奏出了那些铭记在我心中最心爱的曲子。也不知究竟拉了多长时间,我想起了父亲,在我童年时代,是他竭力满足我的一切愿望和要求,对此我不知道自己是否感谢过他。

最后,我把小提琴重新放回盒子里,拿起报纸,走到电话边,拨响了那个号码。

当天晚些时候,一辆旧轿车停靠在我家的车道旁。敲门的是个30来岁的先生。"我一直都在祈祷着会有人答复我登在报纸上的那则广告。我的女儿太希望有一把属于自己的小提琴了,"他一边说,一边查看我那把琴。"要多少钱?"

我知道,不管哪家乐器行都会出好价钱的。但此时此刻,我听到自己的声音回答说:"7美元。"

"真的吗?"他这一问,倒使我更多地想起了父亲。

"7美元,"我又说了一遍,接着补充道,"希望你的小女儿也会像我过去那样喜欢它。"

他走后,我随即关上门,从窗帘缝里看到他的妻子和孩子们正等候在车子里。车门突然打开,一个小姑娘迎着他双手托着的琴箱跑过来。

她紧紧地抱住琴盒,双膝跪倒在地,"吧嗒"一声打开盒子。她轻轻地抚摸着红彤彤的夕阳映照下的那把琴,转过身,搂住了面带微笑的父亲。

那是父亲的音乐

父爱是宽阔的海洋，即使在我一事无成的时刻，也会包容我，把我纳入他温暖的胸膛。

那天，父亲把我和母亲叫到了客厅，打开了那个百宝箱似的盒子。"给，"他说。"一旦你学会弹奏，它就会伴随你的一生。"

接下来的两个星期，手风琴一直放在门厅的壁橱里。后来的一天晚上，父亲宣布我下星期开始学习手风琴课程。我将信将疑地把目光投向妈妈寻求支持。她坚定地告诉我，我并不走运。

不久以后，我便跟着泽利先生在位于一家旧电影院和比萨馆之间的阿里格罗手风琴学校开始了学琴。上课的第一天，带子勒得我的肩膀紧绷绷的，处处使我感到笨笨的。"他做得怎么样？"上完课时，父亲问。"第一次上课，不错。"泽利先生神采奕奕、充满希望地说。

泽利先生要求我每天得练习半小时，而每天我都想竭力从中摆脱。我的未来似乎是在外面打球，而不是待在屋子里掌握我总是很快就会忘记的歌曲。但我的父母亲硬是逼着我去练习。

渐渐地,让我吃惊的是,我已经能将音符拉到一起,协调双手弹奏出简单的歌曲了。晚饭后,父亲总是时不时地要我拉一两个曲子。他坐在安乐椅里,我总是笨拙地拉《西班牙女郎》和《啤酒桶波尔卡》。

他总是说:"非常不错,比上星期好。"随后,我会接着拉起他最喜欢的《红河谷》和《山上人家》的混合曲。之后,他总会慢慢地睡去,报纸叠放在他的膝间。我把这看成是一种赞美:他能在我拉手风琴时得以放松。

7月的一个傍晚,我正拉着几乎无可挑剔的《回到索伦托》,父母亲把我叫到了一个敞开的窗前。一位上了年纪、很少出门的邻居正靠在我们家的汽车上合着旋律如梦般哼唱着。我拉完后,她露出了灿烂的微笑,大声说道:"我记得小时候是在意大利听的这首歌曲。真美妙,美妙极了。"

整整一个夏天,泽利先生的课变得越来越难了。我现在要花一个半星期才能掌握。与此同时,我总能听见外面我的小伙伴们在热火朝天地打棍球。

然而,秋季独奏会马上就要到了。

"我不想去演独奏曲,"一个星期天的下午,我在汽车里对父亲说。

"你必须去演奏,"父亲答道。

"为什么?"我嚷道。"就是因为你小时候没学会拉小提琴吗?你从来不必拉小提琴,我为什么必须拉这愚蠢的乐器?"

父亲停住车,指着我。

"因为你能给人们带来快乐,触动他们的心灵。那是我不愿意让你抛弃的天赋。"他轻轻地补充说,"终有一天,你会获得我从未抓住的机会:为你的家人演奏美妙的音乐,而且你会明白你曾如此努力的理由。"

独奏会那天晚上,母亲戴着亮闪闪的耳环,用的化妆品比我能记得的任何时候都多。父亲早早下班,穿上西装,打上领带,将头发梳得溜光水滑。他们提前一小时就准备停当。我感到此时无声胜有声,拉这首歌曲是实现他们的一次梦想。

一到剧院,我一想到我多想让父母亲骄傲,就感到一阵紧张。最后,终于该我上台了。我走向台上那张孤零零的椅子,分毫不差地演奏了《今晚你孤单吗?》,全场爆发出了阵阵掌声。

独奏会后,爸妈来到了后台。一瞧他们走路的姿态——昂首阔步、红光满面——我就知道他们非常高兴。母亲紧紧地拥抱了我一下。父亲伸出一只胳膊抱住我,将我紧紧地搂住。"你真了不起,"他说,随后握住我的手久久不肯松开。

随着岁月流逝,那只手风琴渐渐退到了我生活的背后。每逢家庭聚会,父亲总是要让我拉几段,但不再上手风琴课了。我上大学时,那只手风琴退到了门厅壁橱里,与父亲的小提琴放在了一起。

我毕业一年后,父母亲搬到了附近城镇的一座房子里。51岁的父亲最后终于拥有了自己的家。搬家那天,我不忍心对他说,他可以处理掉那把手风琴,所以我把它带到了我自己的家里,放在了阁楼上。

那成了一段尘封的记忆,直到几年后的一天下午,我的两个孩子无意间发现了它。斯科特认为它是一笔秘密财宝,赫利想着

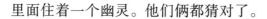

里面住着一个幽灵。他们俩都猜对了。

我打歼箱子时,他们都大笑着说:"拉一段,拉一段。"我勉强挎上手风琴,拉了一些简单的歌曲。让我吃惊的是,我的演技并没有荒废。很快,孩子们便围成圈翩翩起舞,格格直笑。就连我的妻子泰丽也随着节拍拍手大笑。我对他们无拘无束的欢快劲儿感到惊喜。

父亲的话语又回荡在我的耳边:"终有一天,你会获得我从未抓住的机会,以后你会明白的。"

我终于懂得了为他人做出努力和牺牲意味着什么。父亲一直都是对的,最珍贵的礼物是触动你所爱的那些人的心灵。

后来,我给父亲打电话说,我终于懂了。我字斟句酌感谢他让我花了差不多30年才发现的遗产。"别客气,"他说,他的声音因激动而哽咽。

父亲从未学会用小提琴奏出甜美的旋律。然而,他错误地认为他永远都不会为他的家人演奏曲子。在那个美妙的夜晚,当我的妻子和孩子们欢笑起舞时,她们听到了我拉的手风琴曲。不过,那是父亲的音乐。

奇迹的名字叫父亲

与其说有这样一个故事，不如说有这样一个奇迹：

1948年，在一艘横渡大西洋的船上，一位父亲带着他的小女儿，去和在美国的妻子相会。海上风平浪静，晨昏瑰丽的云霓交替出现。

只记得，船走了很多天，一天早上，父亲正在舱里用小刀削苹果，船却突然剧烈地摇晃，父亲摔倒时，刀子扎在他胸口，他全身都在颤抖，嘴唇瞬间乌青。6岁的女儿被父亲瞬间的变化吓坏了，尖叫着扑过来想要扶他，他却微笑着推开女儿的手：

"没事，只是摔了一跤。"然后轻轻捡起刀子，很慢很慢地爬起来，不引人注意地用大拇指擦去了刀锋上的血迹。

以后的5天，父亲照常为女儿唱摇篮曲，清晨替她系好美丽的蝴蝶结，带她去看蔚蓝的大海。仿佛一切如常，而小女儿尚不能注意到父亲每一分钟都比上一分钟更衰弱，他投向海平线的目光是那样的忧伤。抵达的前夜，父亲来到女儿身边，对女儿说："明天见到妈妈的时候，请告诉妈妈，我爱她。"

女儿不解地问:"可是你明天就要见到她了,为什么不自己告诉她呢?"

船到纽约港了,女儿一眼便在熙熙攘攘的人群里认出母亲,她大喊着:"妈妈,妈妈!"就在这时,周围忽然一片惊呼,女儿一回头,看见父亲仰面倒下,胸口血如井喷,刹那间好似染红了整片天空。

事出突然,这个男人的妻子建议尸检,但是结果让所有的人惊呆了。那把刀无比精确地洞穿了他的心脏,他却多活了5天,而且不被任何人知觉。唯一可能是因为创口太小,使被刀切的心肌依原样贴在一起,维持了5天的供血。这是医学史上罕见的奇迹。医学会上,有人说要称它为大西洋奇迹,有人建议以死者的名字命名,还有人说叫它神迹……"够了!"那是一位坐在首席的老医生,须发俱白,皱纹里满是人生的智慧,此刻一声大喝,然后一字一顿地说:"这个奇迹的名字,叫父亲。"

父亲正是用他深沉的爱关怀着这个小女孩,如果女儿没有和他在一起,恐怕也没有理由让他坚持这么长时间了。正是父亲的力量,让他创造了医学的奇迹,也创造了生命的奇迹。

我们常常说,父爱是一座山,高大威严;父爱是一汪水,深藏不露;父爱更是一双手,引领我们走过春夏秋冬;而父爱更是一滴泪,一滴饱含温度的泪水。父亲正是用他独特的方式给我们带来一个个奇迹。

赵先生是山东人,在哈尔滨一家教育机构任职,在哈尔滨过了没有多长时间就与一个姑娘相爱,次年,女儿朵朵降生了。

赵先生说:"2005年6月的一天,还有一个多月才到预产期的

59

妻子突觉腹痛,到医院检查得知,羊水已破,胎儿被脐带缠脖生命垂危,须立即剖腹。由于是早产儿,女儿体重只有2000克,在医院保温箱内观察了14天才转危为安。"

但是女儿回家后,就日夜哭个不停。到了女儿百天,老赵发现她的眼神不会追视,表情呆滞,烦躁易闹。到医院诊断得知,女儿得了脑白质髓鞘化障碍,大脑发育不良(也就是脑瘫),还有可能终身瘫痪。赵先生顿时感觉心都凉了,有天塌地陷的感觉,也有很多人劝他们放弃这个孩子,可赵先生下定决心,即使什么都不要了,也要把女儿培养成才。

自从朵朵4个月大开始,赵先生就成了专职爸爸,为女儿制订训练计划,他设计了一些训练项目,如起卧法、伸腿运动、按摩关节、游泳、抓到她双手原地顺逆时针旋转等,每天至少做100圈,刺激朵朵的大脑神经细胞发育。两个月后,朵朵脖子能抬起了,也能自己翻身、爬行了,体重和身高都赶上了正常孩子的标准。

但是,老天对赵先生的考验并没有停止,朵朵又出现了新病症,这个可怜的孩子刚过完1岁生日,四肢就偶尔会发生抖动,此后次数越来越多,严重时一天至少抖60余次。经医生诊治,朵朵患上了癫痫症,每发作一次,孩子的智商就会有所下降。为救女儿,赵先生四处寻医查找资料,学习《本草纲目》、《中华大药典》,自制药材。奇迹出现了,朵朵的病至今都没复发过。

朵朵得了癫痫症后,智商又退回到了几个月以前的状态,赵先生又一次制订一整套的康复计划。每天早晨5时起床,父女俩到室外进行塑形训练,尤其是行走训练,更是风雨无阻。老赵告诉记者,朵朵的双腿像面条,没有直立意识,他就得架着胳膊一点点地教,一走就是一个小时。朵朵不会发音,更不能理解词语含义,他还是大量地教女儿说话和读诗,有时一个字要循环地教上百遍。朵朵大脑胼胝体发育不良,有斜视、近视等问题,经常翻白眼,他就和女儿一同绑在椅背上练直视,现在女儿的视力趋于正常了。经过一年多的行走训练,朵朵终于可以独立行走了。

赵先生说,朵朵是个非常有毅力的孩子,累了也不哼声,女儿的韧劲也激励着他,从行走、说话、识字开始,创造了更多的奇迹。

朵朵对玩具和吃的东西不感兴趣,相反对书本和音乐反应特别敏感,哭闹时,只要拿出一本书或唱英文歌曲,她马上就会停止哭声,专心翻阅、静静欣赏。这些年来赵先生没睡过一个囫囵觉,每天都要用5个小时备课。在朵朵的练功房里,赵先生在墙上贴满了《三字经》、《弟子规》、《千字文》等作为识字教材,朵朵能很快就把2000多字的书籍背诵下来,现在只要读出书中一句,她马上就能指出来。

朵朵在3岁时,偶然得到一本《小学必背古诗》,从此爱不释手,没几个月就翻坏了3本书,现在她已经学到了初中古诗,能背50余首。平时只要老赵说英文,朵朵就特别愿意听,经过两年学习,她已经会说2000多个英语单词了,能用简单的单词与别人沟通。赵先生说,他坚信女儿在他的培养下,一定会有所作为。

第四章 感悟醇美师情

老师的爱

鲜花开放的时候，因为阳光给予它们关爱，所以才让我们看到了绽放的美丽。秧苗期待着成熟的时候，因为雨水给予它们关爱，所以我们收获了丰硕的果实。我们在求学的路上成长的时候，是老师一路上给予我们无私的关爱。

老师，用无悔的青春浇灌着祖国未来的花朵，用一生的心血换来了祖国美好的明天。这是一个平凡的舞台，没有鲜花和掌声，没有闪烁的聚光灯，甚至没有人知道老师呕心沥血的故事！可是，老师谱写的却是世界上最伟大的篇章。

1937年年初，中共中央由陕北保安（今志丹县）迁至延安，适逢徐特立六十大寿，毛泽东草席未暖，就发起为徐老祝寿的活动。

1月31日夜，毛泽东整整工作了一个通宵。2月1日黎明，警卫员见他一夜没合眼，又一次来请他休息，他说："我顾不上休息哟，你知道今天是什么日子吗？是我的老师，也是大家的老师徐特立的寿辰！我还要写贺词呢！"说着，他提笔写了封长信。信中，他热情地颂扬了徐特立"革命第一、工作第一、他人第一"的革命精神和道德情操,并写道:"你是我20年前的先生,你现在仍然是我的先生,你将来必定还是我的先生……"

写罢,他顾不得吃饭,又将祝寿活动的准备情况亲自检查了一番。寿堂设在延安城东的天主教堂里。中央办公厅蒸了60个馒头,以代替寿桃,并预备有瓜子、花生、红枣等,摆满了铺着红布的桌子。

参加祝寿的人挤满了教堂。徐特立头戴一顶鲜艳夺目的大寿帽,由毛泽东等人陪着走进来,被团团围在中央。人们纷纷起立,恭恭敬敬地给徐老敬献寿酒。在这种令人陶醉的气氛中,中国文艺协会的同志们朗诵了一首由丁玲、周小舟、徐梦秋等一起为徐特立凑成的祝寿诗:苏区有一怪,其名曰徐老。衣服自己缝,马儿跟着跑。故事满肚皮,见人说不了。万里记长征,目录已编好。沙盘教学生,文艺讲大众,现身说明了。教育求普及,到处开学校。绿水与青山,徐老永不老。

毛泽东听了,高兴地说:"前两句写长征时神态,很好。衣服自己缝,马儿跟着跑(真是这样,很真实。末尾两句也好)。绿水与青山,徐老永不老。"这时一个女孩子跑上来给徐特立系上了一条红领巾,毛泽东站起来,笑容可掬地说:"老师,俗话说,'返老还童',我们都祝你长命百岁!"

在我们的成长历程中,老师浓浓的爱一直伴随着我们的左右。老师是祖国栋梁的启蒙者和创造者。没有了老师,就没有祖国今日的繁荣,老师就就像园丁,辛勤地培育祖国的花朵。我们应该感恩我们的老师,因为老师帮助我们打开智慧的大门,让我

65

们在知识的海洋里邀游。

王龙与明尼苏达大学的王老师相识于2002年。当时，王老师受教育部"春晖计划"资助，特邀回国参加2002年6月在杨凌西北农林科技大学举行的农业与生物系统工程科技教育发展战略论坛暨第五次全国高等学校农业工程类学科专业教学改革学术研讨会。王老师怀着一腔报国之心，开始了他频繁地在美国与中国之间"飞来飞去"的行程，开展了多项卓有成效的合作研究和讲学计划。也是从2002年始，王龙开始与王老师(代表海外华人农业与食品生物工程师协会，AOCAFBE)联系，寻求合作创办国际英文刊。王老师在南昌大学受聘为教育部"长江学者"，把他在美国前沿的研究输送回国，帮助国内的研究与国际同步。

为帮助国内科研工作者把科研成果传播到国际科学界，王老师发起和推动与中国农业工程学会合作创办国际英文刊，并用自己的科研经费支付薪金让他的博士后承担创办英文刊的大量工作。王老师所做之事令人敬仰，值得称赞。从国家社会宏观层面，王龙他们应该感谢王老师。

从王龙个人的角度，王老师也很值得感谢。因为王龙希望购买一些英文原著，但在国内难以买到，自然就希望找王老师帮忙。第一次是因为爱人在中国社会科学院世界经济与政治研究所读博士期间，因借图书馆的一本英文原著不知去向，只好求助王老师帮忙在美国购买带回。从美国买回所借的英文原著后，才发现爱人当时在社科院图书馆借书时，办完借书手续后就走了，书却留在图书馆，馆员以为是读者送还的书就归架了。第二次是王龙希望购买一些有关英文科技论文写作与编辑方面的书籍，这次王老师又帮王龙购得4本并送到北京。两次购书花去王老师近200美元,他一分没收,全当他的捐赠和贡献了。且不论钱之多少,王老师忙于科研、教学、管理、指导研究生、学术会议等,还能挤出宝贵的时间来帮王龙办理购书这等琐细之事,实属不易且难能可贵。

第四章 感悟醇美师情

引路人

老师是我们进入学校后传授给我们知识的人，是我们接受教育的引路人。没有老师，我们就没有机会接触到知识；没有老师，我们就不会有科研成果；没有老师，我们就没有发展。

老师在没有华丽的舞台和簇拥的鲜花中，用一支支粉笔，在三尺讲台上，在这块教书育人的田地中奉献着他们的一切。从办公室到教室，从教室到办公室，短暂而又漫长的路，日日夜夜，春夏秋冬，让一头青丝变成了白发，让高大的身躯变得瘦骨嶙峋。

我们的成长离不开老师的教诲，他们辛勤的劳动，让我们渐明事理。增长学识，我们永远也不能忘记老师的恩德，即使我们学富五车、才高八斗，点点滴滴都浸润着他们的心血。

崔先生现在已经到了退休的年龄，但是他忘不了恩师张老师用自己的实际行动教育了他做人要正直、做学问要严谨的态度。

还是在南京上大学的时候，崔先生就在期刊上看到过张老师的名字。无巧不成书，成家后与妻子一起从东北调回兰州，与张老师只有一街之隔。1978年考研后直接加入张老师的科研团队。之后与张老师相处虽然只有五六年,但张老师以他的言传身教,成为崔先生日后做人治学的引路人。

崔先生岳父家原本与张老师相识,"文革"后第一次招收研究生时,崔先生决定报考他的研究生。此时想利用熟人的关系,给予方便。没想到,找到张老师时,他只问了问崔先生的背景情况,随后没给任何"启示",只是让他的助手介绍了一些近年出版的书刊。这是崔先生第一次拜访他,也是第一次感受他的为人。

1985年,正值出国热潮,人人期盼着到国外看看。那时,崔先生和张老师的儿子分别取得硕士和学士学位。由于张老师在植物呼吸代谢方面已取得令人瞩目的研究成果,故与中科院院士汤先生十分熟悉,而后者在美国比较知名。当美国方面要求汤先生介绍一位访问学者赴美时,他首先告知了张老师,而张老师首先想到了崔先生,那个时候崔先生还很年轻,意欲让其去美国留学。此时,周围有人劝说张老师,让他把这个名额给他的儿子,而张老师坚持认为,崔先生已经过硕士研究生锻炼,比他儿子更合适,于是毫不迟疑地让崔先生踏上了征途。此事放到今天社会来看,真是太离奇了。张老师对崔先生的悉心培养、良苦用心让人难以忘怀。

第一次赴美学成回国,正值张老师年事已高,他所领导的教育部直属植物生理学研究室主任的职位需要寻找接班人,张老师坚持让崔先生接班,崔先生未同意。他表示除了自己没这方面能力外,感到还有继续学习的必要,于是第二次赴美深造。由于崔先生学术上得到了提高,回国后沿海两所大学邀请崔先生去工作。考虑到自己在上海长大,很想去家乡生活。正在那时张老师身体状况急转直下,于1991年年底永远离开了他们。

悲痛之余,崔先生想到,解放初期张老师在美国获得博士学位后回国时,也完全可以在生活条件优越的沿海地区定居,但他却为了贫穷的西北地区高教事业,毅然决然来到十分落后的兰州大学从事教学科研工作,为兰大植物生理专业的发展立下了不可磨灭的功劳。

就这样,在张老师榜样的引领下,崔先生在兰大一直工作到退休。

崔先生之所以能够取得这么大的成就,并在兰州大学一直工作到退休,与张老师的言传身教是分不开的。

王恺现在已经毕业,并且做了一名光荣的人民教师。现在自己做起老师来,不由得让他想起了自己刚进大学的时候,老师教导他只有掌握了知识,才能发挥自己的潜能。

王恺回想在大学期间教过他的老师似乎有很多,众多的老师各有各的特色,伴随着他们走过青春的时光。其中有一位老师最让他喜爱,她就是王晓秋老师。

记的第一次上课,快上课了,王老师生气地盯着门口,目光快把门给射穿了。

"你们这个班到底怎么回事?上课铃已经响过了,怎么还有人才到,还有人没来!"

看着几个同学摇摇晃晃的才来,老师生气了。

"这个老师怎么这样,大学里上课有几个人迟到不来不是很正常的事吗?"大家低头小声地议论纷纷。最终以王老师让班长给没来的同学一个一个打电话催来告终。

"我不管你们以前或是别的老师对你们是什么要求,上我的课不许迟到!我的课就是教你们怎么做老师,做老师第一就是要有师德,一个老师自己上课都迟到,怎么给学生树立榜样,教师不仅要教知识,还要教学生做人的道理!"

王老师的一番话如一盆冷水浇醒了王恺,他想起了自己刚进大学时候的想法,当时他对自己说要好好学习,将来做一个好老师,他只是以为只要到时把初高中教科书搞明白就行,没有想到还要在自身品行上提高自己,这样才能做一个合格的老师。

王恺还说,在后来的日子里王老师一步步身体力行,教他们做教师方方面面应注意的细节问题,使他们明确该从哪些方面去完善提高自己。

王老师给了王恺更多的人生启示,这让王凯在做老师的时候,也能用自己良好的品行去引导他的学生。没有当年王老师的当头一棒,也许现在王恺还不清醒,是王老师教会了王恺怎么样去做一个好学生和好老师。

舵　手

在求学的道路上，辛勤的老师带领我们遨游在知识的海洋中。在人生的旅程中，无数的良师益友为我们指引方向。老师帮我们把握人生的航向，也教导我们如何做人、如何做事、如何选择，正是有了他们的帮助，我们才最终走向成功。

广西艺术学院人文学院副院长卢志红，经常和学生们讨论问题，在和学生们讨论问题的过程中，给学生们指导方向。从1982年大学毕业开始，卢老师就走上了三尺讲台，从此和教书育人结下了不解之缘。

她说，她非常喜欢这个职业，她每一天都在反省自己，因为自己要面对那么多可爱的孩子，他们都是祖国的未来，如果因为自己某些方面的缺陷或者某些方面考虑不周而影响了孩子的成长，那自己是很内疚的。

卢老师还说，做教师可以使自己的心态少些世俗、多些天真，并且由于教师这个职业对知识更新有着很高的要求，所以能促使自己不断地去追求进步。在学生们的眼里，卢老师不仅学识渊博、锐意创新,为人也和蔼可亲,所以卢老师的身边,总会围绕着喜欢和她探讨学术问题和人生见解的学生。一提起自己教育过的学生成长、成才,卢老师的脸上总会情不自禁地洋溢起幸福的笑容。

如果有学生找她,比如说在事业上或者在今后的发展上有了苦闷,她都会跟他去聊天,帮学生解决人生的疾苦。她说聊了以后就建立了一种信任关系,以后这个学生每走一步,包括他在学校,包括他出去外面工作,都跟卢老师商量,她都用自己的人生经历来给他出主意,他按照她给他指的这个路子前进以后,如果这个学生最后成功了,她感到特别快乐。

不过,面对着一批又一批来自全国各地,有着不同教育背景和成长环境的学生,卢老师也有着她的矛盾。

卢老师最苦闷的就是中国的孩子优秀的太多了,可是她却不能够根据他们每个人的特长来因材施教,因为绝大多数的教育还是用一个模式的。

学生成长了,学生毕业了,学生能够在社会上立足了,学生能干出一番事业了,其实就是对她最大的回报了,因为她感觉到自己的工作是有意义的,自己没有白努力。

这样的好老师真是太多了,卢老师只是其中的一个典型的例子,卢老师细致入微的关怀,换来了学生的健康成长,也赢得了学生的爱戴。其实很多老师都把自己的一生奉献给了学生,呕心沥血一辈子。

在这一点上,北京某师范学院给我们做了榜样。在师范学院80多位担任过本科生导师的专任教师中,90％以上是教授、副教授，他们以专业教师的身份，对学生在学习、生活等各方面的问题，都给予了有针对性的指导。"老师为我们的成长引路导航"，导师们获得了学生的尊重和信任。

大四学生小萌已经先后参与了3个课题的研究，这些课题都是在导师指导下参与的教育部或者国家"十一五"规划项目。

在导师刘复兴老师的安排下，小萌大三时开始参加研究生的活动，首先是导师组织的每周一次的研究生读书会。"刚参与课题时是跟着研究生做一些文献查询、找资料的事情，后来我们逐渐能写一些文献综述，能够独立承担一个章节的写作。"

小萌说："导师对我们的每项工作都会亲自把关，有时候把撰写的报告交给导师，他会马上修改，字斟句酌地提出建议和指导意见。"

现在，小萌和两名同学组成了科研小组，他们独立承担的课题"研究型大学新生入学指导"，获得了"国家大学生创新性实验计划"的资助。小萌感慨地说："从读书到做课题，从啥都不懂到现在知道如何选题、如何写申请书、经费如何计划等，我们学习方式的改进和学术水平的提升是明显的。"

小萌只是师范学院的本科生在学术能力方面取得长足进步的一个代表。从2005年导师制实施以来，师范学院有50多名本科生在数十种教育学术期刊上，发表各类学术论文47篇。2005年以来，累计有80多名学生参加了学校的本科生科研项目申请，有50组学生成功申请到了当年的科研项目。

在这所院校当中，本科生接触的不是导师一个人，而是导师带领的整个科研团队，这对本科生科研能力的影响是不言而喻

感悟生活的美

的。

另外，即将毕业的大学生现在的心态很浮躁，然而这在找工作的过程中是最忌讳的，于是本科生导师及时对学生进行心理疏导。这样的交流，在学生临近毕业时，每周都会有一次，每次至少1个小时。

学校不仅引导学生的专业学术发展，还指导学生规划人生，适应社会，形成恰当的专业意识和社会意识，这是师范学院对本科生导师的要求。

与辅导员、班主任一对多的模式相比，本科生导师带的本科生最多不超过3人，可以做到因材施教，无论是学习还是生活，老师和年轻辅导员说出的话，在学生心中的分量是不同的，老师们丰富的人生经验、学术背景和人格魅力，都会让学生受益匪浅。

如果没有老师们给予学生正确的引导，给学生们把好人生中的大方向，这所高校的学生也不会取得这么多的成就。

第四章 感悟醇美师情

一生中最重要的一堂课

在我还是一个学生的时候，我其实不喜欢念书。进了大学的门槛，远在家乡几千里以外的地方，没有升学的压力，简直如鱼得水一般。我参加各种社团、比赛、竞选、推销、家教、恋爱、看通宵录像、喝酒、吃饭、蹦迪，跟天堂神仙过着差不多的日子。

渐渐地混到大四，最后的一个学期竟然还安排了一门课。最后的一课是和工作无关的，那还有什么好学的呢？

所以我去上课的时候，已经是最后的一堂课了，也是我上大学的最后一学期里的第一次上课，第一次看见那个据说是很威严的老师，姓纪。

"嗯，我们很多人好像还是初次见面啊，先认识一下吧。我叫纪先城，负责你们这个学期的'信息管理系统'。希望大家能认真学习。"

大家都笑了，这是本学期的最后一堂课，不是为了这两个学分到手，谁会来上这个课？

大家拿出笔记本或白纸，按惯例，最后一节课是划重点，也

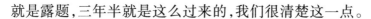

就是露题,三年半就是这么过来的,我们很清楚这一点。

"你们好像在等待着什么?"

没有人说话。的确,我们是在等待,等待下周的考试题目,等待题后的两个学分,等待顺利地毕业。

"和你们讲会儿话吧!"老头停了一下,"我23岁大学毕业的时候,记得当年我们上最后的一堂课,每个人都格外地认真,生怕露过一个字,错过一句话。我们很用心地做笔记,拼命地多学一点东西,因为大家都知道,毕业以后就再也没有这样的机会学习啦。下课铃声响了,我们还是舍不得走,恳求老师再讲一会,后来我们还是下课了,我又在教室里坐了好久才离开。

"你们不同,你们好多人好像连书都没有带来。最后的一节课,我连你们的名字都叫不出来,也许是我的记性太差,我只知道你们有63人选了我的课。

"我已经60岁了,你们是我的最后一届学生,教完你们,我就该退休啦。这并不是我不为难你们的理由,我也相信你们都是聪明的孩子,你们不会因为我的这两个学分毕不了业,但是我希望你们今天不是为了这两个学分而来到这个教室的。"

教室里安静极了,没有人说话,我们的脑袋低了下去。

"上完这节课,你们中的大多数人就再也没有机会坐在教室里了。你们将拥有崭新的生活,你们也将告别你们的学生生涯。你们慢慢就明白了,一心一意的学习是一件多么愉快的事情。

"35年前的一天下午,我的老师曾经这样告诉我:'读书,只是为了造就完美的人格。'当你心甘情愿地沉入到学习中去,你就会发现它的妙处。可惜今天的大学生大多体会不到。"他长长

地叹了一口气。

突然,有人开始低声啜泣,慢慢的哭声变大了,越来越多的人参与其中。

"好了好了,最后一课了,我们一起上好它吧。"

接下来的55分钟里,纪老师向我们讲述了"管理信息系统"的历史、现状、发展、趋势、应用领域、核心理论……他的语言是深入浅出的,他的描述是生动活泼的,他的教授是全心全意的。而我,也是第一次主动的,心甘情愿地听课。

毫无疑问,我开始后悔,我已经不能计算我究竟错过了多少同样美妙的课程,浪费了多少同样幸福的时刻。而现在,竟已经是最后一堂课。

毕业后,我一直在不断地学习,考了无数的资格证书,现在已经是一家外企的人事经理。由于我的优秀表现,公司还决定资助我继续深造。

老师还好吧?我不知道。甚至我的母校,我也好久没有去了。可是总也忘不了,有那么一位老师,在我毕业的时候,给我上了一生中最重要的一堂课。

改变一生的闪念

　　那是一个老师告诉我的故事,至今仍珍藏在心里,让自己明白在人世间,其实不应该放过每一个能够帮助别人的机会。

　　多年前的一天,这位老师正在家里睡午觉,突然,电话铃响了,她接过来一听,里面却传来一个陌生粗暴的声音:"你家的小孩偷书,现在被我们抓住了,你快来啊!"在话筒里传来一个小女孩的哭闹声和旁边人的呵斥声。她回头看着正在看电视的唯一的女儿,心中立即就明白过来是怎么回事了。

　　她当然可以放下电话不理,甚至也可以斥责对方,因为这件事和她没任何关系。

　　但自己是老师,说不定她就是自己的学生呢?通过电话,她隐约可以设想出,那个一念之差的小女孩,一定非常惊慌害怕,正面临着尴尬的境地。犹豫了片刻之后,她问清了书店的地址匆匆忙忙赶了过去。正如她预料的那样,在书店里站着一位满脸泪痕的小女孩,而旁边的大人们,正恶狠狠地大声斥责着。她一下子冲上去,将那个可怜的小女孩搂在怀里,转身对旁边的售货员

79

说:"有什么事就跟我说吧,我是她妈妈,不要吓着孩子。"在售货员不情愿的嘀咕声中,她交清了28元的罚款,才领着这个小女孩走出了书店,并看清了那张被泪水和恐惧弄得一塌糊涂的脸。

她笑了起来,将小女孩领到家中,好好清理了一下,什么都没有问,就让小女孩离开了,临走时,她还特意叮嘱道,如果你要看书,就到阿姨这里,阿姨有好多书呢。

惊魂未定的小女孩,深深地看了她一眼,便飞一般地跑掉了,从此便再也没有出现。

时间如流水匆匆而过,不知不觉间,多少年的光阴一晃而过,她早已忘了这件事,依旧住在这里,过着平稳安详的生活。

有一天中午,门外响起了一阵敲门声。当她打开房门后,看到了一位年轻漂亮的陌生女孩,露着满脸的笑容,手里还拎着一大堆礼物。"你找谁?"她疑惑地问着,但女孩却激动地一句话也说不出来。好不容易,她才从那陌生的女孩的叙述中,恍然明白,原来她就是当年的那个偷书的小女孩,刚从某名牌大学毕业,已找了份令人羡慕的工作,现在特意来看望自己。女孩眼睛泛着泪光,轻声说道:"当年情急之下的那个电话,幸亏打到您的家里。虽然我至今都不明白,你为什么愿意充当我的妈妈,解脱了我,但这么多年来,我一直想了一桩心愿:喊您一声'妈妈'。"话音刚落,女孩已泪流满面。老师的眼睛也开始模糊起来,她有些好奇地问道:"如果我不帮你,会发生怎样的结果呢?"女孩的脸上立即变得忧郁起来,轻轻摇着头说:"我说不清楚,也许就会去做傻事,甚至去死。"

老师的心猛地一颤,望着女孩脸上幸福的笑容,她也笑了。

第五章 感悟挚美友情

朋友是本好书

　　两个人共尝一个痛苦，只有半个痛苦。两个人分享一个快乐，却会有两个快乐。的确，朋友是人生中不可缺少的一部分。假如你的生活中没有朋友，那么你就不会知道什么是友情，也不会懂得"朋友是本好书"这句话的含义。

　　朋友是本好书，其中有些只有几页，有些却洋洋洒洒，有些是精装书，有些是袖珍本。但读到最后，总是这样或是那样的一句浓缩的话，足以在人们意志最薄弱的时候支撑起他们的人生。

　　友谊的不可传递性决定了它是一本孤独的书。我们可以和不同的人有不同的友谊，但我们不会和同一个人有不同的友谊。友谊是一条越掘越深的巷道，没有回头路可走，刻骨铭心的友谊也如同恩情一样，让人终身难忘。

　　朋友，是你一生都需要的人。也许在你遇到挫折时，你一定会在第一时间想到朋友，向朋友倾诉；也许在你快乐的时候，你也总是想把快乐分享给朋友，让他们与你一同高兴；也许在你寂寞的时候，你总会想和朋友一起去狂欢，填补内心的空虚；也许在你伤心的时候,你会想和朋友一醉方休,忘却烦恼和伤心……总之,无论何时,无论何地,只要你需要,朋友总会毫不犹豫地倾情相陪。

小云中午错过了午睡时间,就在昏昏欲睡的时候,小芳发来短信,要找地方一起看书。她们两个人是大学同学,同窗4年,小芳喜欢看的书恰好是小云阅读范围之外的东西,因此常常能给小云不一样的启发。

后来小云读研,小芳工作。小云从小芳那里不断得知业界动态,不至于和实践脱节。有时候身体不适,或者心情郁闷,小云就到小芳租的房子里疗伤。

小云某次钥匙断了,大半夜进不了门,给小芳发短信,小芳恰好下夜班归来,二话不说,要小云来小芳家借宿。

小云研究生毕业前夕,小芳到北京工作。身边少了小芳,虽有诸多不便,小云仍然为小芳的选择助威、鼓舞。后来收到小芳一则短信,大意是将来有一天会在北京重逢。如今果然应验。小芳现在住的地方离学校不过几分钟的路程。常常是两个人聊天聊得兴起,小云送小芳回去,小芳又送她回来。如此反复。小云2006年元月来京,来的时候,小芳到车站接小云。偌大的北京,因为有熟人,小云才不觉得茫然无措。

仔细算来,从入大学至今,已经10年了。十年好友,也是一出《老友记》了。

朋友就是一本清新淡雅的书,能让人们读上一辈子。这就是朋友之间相知的美好,只是淡淡的相守。也许朋友之间没有必要经历大劫大难,或者是大喜大悲。只是互相给予鼓励,互相给予帮助,这样一份互相珍惜的友情才能细水长流。

世俗的无奈与尘世的纷扰,有时总让我们感觉拥有真正的朋友的真是如此的难上加难,太多自我所拥有的朋友,就似天边那一片飘浮的云,只是短暂地停留于自己的视野后从此消失无踪;太多的朋友也似昙花一现,只留下短暂的芬芳后从此凋零枯萎!这样的朋友永远不能谓之为真的,因为人性原本是多变的,任何人都无法主宰一个人的思想与言行,所以更无法选择别人的停留。

这是一个越战归来的士兵的故事。他从旧金山打电话给他的父母,告诉他们:

"爸妈,我回来了,可是我有个不情之请。我想带一个朋友同我一起回家。"

"当然好啊!"他们回答,"我们会很高兴见到的。"

不过儿子又继续说:"可是有件事我想先告诉你们,他在越战里受了重伤,少了一条胳膊和一条腿,他现在走投无路,我想请他回来和我们一起生活。"

"儿子,我很遗憾,不过或许我们可以帮他找个安身之处。"父亲又接着说,"儿子,你不知道自己在说些什么,像他这样残障的人会给我们的生活造成很大的负担。我们还有自己的生活要过,不能就让他这样破坏了。我建议你先回家然后忘了他,他会找到自己的一片天空的。"就在此时儿子挂断了电话,他的父母再也没有他的消息了。

几天后,这对父母接到了来自旧金山警局的电话,告诉他们亲爱的儿子已经坠楼身亡了。警方相信这只是单纯的自杀案件。

于是他们伤心欲绝地飞往旧金山，并在警察带领之下到停尸间去辨认儿子的遗体。

那的确是他们的儿子，但惊讶的是儿子居然只有一条胳臂和一条腿。

故事中的父母就和我们大多数人一样。要去喜爱面貌姣好或谈吐风趣的人很容易，但是要喜欢那些造成我们不便和不快的人却太难了。我们总是和那些不如我们健康、美丽或聪明的人保持距离。

你是否也对别人产生过误会而让你错过了一生的好友？是的，也许生活中我们会遇上这样的人，总是以貌取人。可是总会有人能够真正地看到我们内心的美，他们会拿我们自己当真的朋友，不论我们多么糟总是愿意接纳我们。

如果我们真的能遇上这样的朋友，那是需要我们一生去珍惜的，这样的朋友是给予我们生活自信的人，是教会了我们要坚强地活着的人，因为我们有这样的朋友陪伴一生，我们并不孤独。

第五章　感悟挚美友情

友谊的解释

英语里友谊的单词是"friendship"。friendship可以理解为汉语里的"同舟共济"。因为人在船上,真正的目的并不仅仅是为了欣赏两岸的风光,所以总有上岸的时候。既然上了岸,大家都有自己的目的,肯定是各奔前程去了。

英国前首相丘吉尔说:"没有永远的友谊,只有永远的利益。"我们东方人却不这么认为。老祖宗们说,与朋友交往要重"义"轻"利",故有"君子喻以义,小人喻以利"之说,并且留下了"人生贵相知,何必金与钱"的不朽诗篇。

于是,对"朋友",又多了一些称呼,如结义交、忘年交、患难交、莫逆交、刎颈交……朋友就是朋友,绝没有任何事能代替,绝没有任何东西能形容,即便是世界上所有的玫瑰,再加上世界上所有的花朵,也不能比拟友情的芬芳与美丽。

友谊是心中深深的眷恋,友谊是跟友人相连的一根心弦,缠绵不断,源远流长,谱写出一首首悠长而又耐人寻味的高歌。

恩尼乌斯说:"在命运不济时才能找到忠实的朋友。"而一般

人之不可靠有两种：或在得意时忘了朋友；或见朋友有难而遗弃不顾。所以，在这两种情形之下而不改变其友谊的人，才是真正的难得，可以说是神圣。

鲁迅和瞿秋白，在20世纪30年代白色恐怖笼罩下，曾结下一段崇高而感人的友谊。两个人的友情不仅体现了友谊的真正意义，还把友谊的信条和革命的信仰发挥得很完美。

1933年7月的一天凌晨，一阵急而响的敲门声吵醒了鲁迅夫妇。他们仔细一听，是瞿秋白。忙打开门，只见瞿秋白夹着一个小包，仓促地走了进来，这是瞿秋白第三次紧急到鲁迅家避难了。原来，在上海的江苏省委机关被敌人破坏，牵连到瞿秋白和冯雪峰（时任江苏省委宣传部长），形势危急。"周先生家里去吧！"在危难时刻，瞿秋白首先想到的是周树人，即鲁迅。

1931年1月，在共产国际直接干预的中共六届四中全会上，瞿秋白被极"左"路线推行者逐出中央政治局。之后，瞿秋白在上海从事革命文化运动。出于个人的热情，瞿秋白参加左联的领导工作，通过左联，他和鲁迅接近、认识、深交。

对瞿秋白这个共产党的著名人物，鲁迅是早就知道的。他还知道，瞿秋白是文学研究会的会员，是一位很有才华的作家。当鲁迅从其学生、左联重要领导人之一冯雪峰处得知瞿秋白准备从事文艺著译并愿意参与左联活动时，很是高兴，马上把瞿秋白当作一支很重要的生力军。鲁迅好像是怕错过机会似的急忙对冯雪峰说："我们抓住他！要他从原文多翻译这类作品（主要是前苏联的马克思主义文艺理论著作）！以他的俄文和中文，确是最适宜的了。"鲁迅指出："马克思主义的文艺理论，能够译得精确流畅,现在是最要紧的了。"

对作为中国现代文学奠基人的鲁迅,瞿秋白久仰其大名。1951年5月初的一天,在作家茅盾的家里,瞿秋白很高兴地翻阅左联机关杂志《前哨》,对其中鲁迅写的追悼左联五烈士的文章《中国无产阶级革命文学和前驱的血》极为欣赏,说:"写得好,究竟是鲁迅!"

鲁迅对瞿秋白,首先看重他的翻译,认为在国内的文艺界是找不出第二个人可与他比较的。当然,鲁迅也看重瞿秋白的杂文和论文。鲁迅对冯雪峰说,瞿秋白的杂文尖锐、明白晓畅,"真有才华"、"真可佩服",同时也认为瞿秋白的杂文深刻性不够,不够含蓄,第二遍读起来就有"一览无余"的感觉。对鲁迅的批评,瞿秋白是口服心服的。鲁迅对瞿秋白的文艺论文,特别是他批判"民族主义文学"、"第三种人"、"自由人"的论文非常赞赏,说:"真是皇皇大论!在国内文艺界,能够写这样论文的,现在还没有第二个人!"

鲁迅让冯雪峰拿《铁流》的序文请瞿秋白翻译,瞿秋白马上就赶译出来了。后来,鲁迅又拿卢那卡尔斯基的《被解放的唐·吉诃德》俄文原本请瞿秋白翻译,在《北斗》杂志上连载。这剧本,本来鲁迅已经根据日文译本翻译了第一场,并已经用"隋洛文"的笔名在《北斗》第三期登出。瞿秋白退出政治漩涡回到文艺战线后,鲁迅认为最好是请他依原文从头翻译,继续在《北斗》连载,并拟再出单行本。瞿秋白也欣然答应,在《北斗》第四期就登了剧本第二场的译文(笔名为易嘉),还用编者名义附了一点声明说:"找到了一本新的版本,比洛文先生原来译的那一本有些不同,和原本俄文完全吻合,所以由易嘉从头译起。"瞿秋白不明说而又暗示直接从俄文翻译,是带有对当时反动政府的检察官放烟幕并开点玩笑的意思。

　　这个时候,瞿秋白和鲁迅虽然还没有见面,也没多少通信,来往的只是事务性的条子,大半事情都是经过冯雪峰在口头替他们相互传达和商量的,但他们中的友谊已经很深了。鲁迅在1951年10月初写的《〈铁流〉编校后记》里说:"在现状之下,很不容易出一本较好的书,这书虽然仅仅是一种翻译小说,但却是尽三人的微力而成——译的译,补的补,校的校,而又没有一个是存着借此来自己消闲,或乘机哄骗读者的意思的。"这里"译的"指《铁流》译者曹靖华,"补的"指瞿秋白,"校的"是指鲁迅自己。从这可见鲁迅已经把瞿秋白看作自己多年的老朋友似的了。

第五章　感悟挚美友情

称你为兄弟

二十年的光阴如水,就这样匆匆地流过了。即便是我这般沉默寡言、疏于交际的人,经历了七千多个日子的风雨旅程,也难免会结识一些我所难以忘怀的、曾并肩同行过的旅伴。这些人中,和我有血缘关系的叫做亲人;传我学业、教我为人的称为师长;深藏在心底的那个名字,在无人的夜里可以轻轻地、暖暖地呼她为爱人;而关系最密切的十来个伙伴,应该可以亲热地拍着肩膀,唤他们作兄弟。

正如我所说的,我的生活圈子很窄。我的这些兄弟无一例外的都是我的同学。和他们的交往,贯穿在我的校园生活,也就是我的少年生活里。分别虽已很久,但只要闭上眼睛默想一会儿,兄弟们的面容,便一个接一个清晰地出现在我的面前。然而,要想把这十来个人的神情举止一一刻画于笔端,既受篇幅、才力所限,也是没有必要的。我不会因为我不能把兄弟们活现于纸上,就忘了昔日大家一起度过的快乐时光,也不会因为时光的流逝,而减轻对兄弟们的思念于万一。

少年时期的友谊,是最纯洁、真诚而且历久弥坚的。年岁渐大以后,不断有人提醒我要广交朋友,却是因为到了社会上,有了朋友才有关系,有了关系才能左右逢源、万事如意。于是,我知道了,连最清白的友谊,也要在社会的大染缸里改变颜色。只有在那纯真的岁月里,我们才能建立深厚的兄弟情谊。在兄弟们中间,没有勾心斗角、尔虞我诈,没有功利和心机,有的只是意气相投、志趣相合。即使是有争吵吧,兄弟间的摩擦比起酒肉朋友的互相吹捧,不是要率直得多吗?

怀旧是老人的权利,我知道自己没有资格,也不应该沉沦于回忆。然而进入大学以后一直寂寞空虚的心里,又加上了即将年满二十引发的感慨、伤逝,让我不由自主的怀念过去。当耳边响起熟悉的旋律时,我想起了我的兄弟。那个时候,每天下了晚自习,寝室里都要上演一场音乐会。关了寝室门,每个人舒服地倚在自己的床铺上,两个人开始弹吉他,歌喉婉转的开始领唱,像我一样的几个五音不全的人开始跟着哼,音乐的氛围在我们自己的天地里弥漫开来。《浪花一朵朵》、《睡在我上铺的兄弟》,还有朴树的一些歌,都是我们常常温习的曲目。

演唱会告一段落之后,"卧谈会"又开场了。从足球聊到政治,突然扯到女人,忽而又回到足球……真搞不懂怎么会有那么多的话题,让我们永远都聊不完。而且每次都有新的见解,新的阐释。在卧谈会上,每个人的思路都是活跃的,每个人的口齿都是伶俐的。聊着聊着,连我这样笨嘴拙舌的人,也变得口若悬河、妙语如珠起来。欢笑声此起彼伏,所有人都打心眼里觉得快活、自在。我们曾经将一次精彩的卧谈录成了磁带,以为纪念。此后很长时间,我们只要一听这盘磁带,就会乐得不可开交。可惜的是,这盘带子如今已不知道哪里去了。学习紧张沉闷的时候,往往能让人透不过气来,但每晚一次的卧谈之后,前俯后仰的大笑之后,一天的苦闷、疲倦都一扫而空了。现在想想,是多么怀念那肆无忌惮的大笑啊。上了大学以后,已经许久没有这么开心过了。而随着我们逐渐的成长、成熟,想要听到那样爽朗清脆的、没有掺着任何杂质的、像空气一样透明的笑声,是越来越难了。

看到篮球场上飞舞的身影,想起了我的兄弟,想起了全寝室一起打球的日子;当上课铃响过了很久,还不慌不忙地走向教室的时候,想起了我的兄弟,想起我们在老师的读秒声中跑进教室,气喘吁吁的样子。那个时候,迟到的后果可是不堪设想的;当我在床上睡到无可再睡的地步,撑起身来,愣了半天,又睡下去的时候,想起了我的兄弟,想起了当年如火如荼的"战斗生活"。那个时候,连我们自己都惊异于自己的身体构造。上课时,所有人都全神贯注,不会漏掉老师嘴里发出的任何声音,不会有片刻的懈怠和恍惚——谁能想到我们一天只睡了五个小时。下课铃一响,我们马上全体伏倒在课桌上——十分钟的时间,足够我们做个好梦了。上课铃再次响起的时候,我们又活过来……这也不过是一年多以前的事啊,怎么转眼之间,兄弟和激情,全都离我而去了呢?

高考前,正赶上02年世界杯。某个黄昏,我和一个兄弟走在放学的路上,我突然冒出一句:"足球世界杯快结束了,我们的'世界杯'就要开始了!"说话的和听话的都热血沸腾,大踏步走进夕阳里去。然而,我在"世界杯"上的表现就像国足一样的糟糕。当我们回校领成绩单并做最后聚会时,虽然我早已通过查询得知了我的成绩,但亲身感受到身边人群的欢呼雀跃,又瞥到自己成绩单上那难堪的数字,我心中的失落、痛苦是无法用言语描述的。这时,我的一个兄弟走过来,他双手按住我的肩头,嘴唇艰难地蠕动着。我知道他想说些话来安慰我,但他最终只是吐出了几个模糊的字音来。他很清楚高考成绩对一个学生的重要性,这是衡量一个学生十二年的拼搏、奋斗成功与否的唯一标准。他想不出有什么话能安慰我,但他无言的慰藉将令我终生难忘。然后,我们一帮兄弟去喝酒,包括几乎不会喝酒的我,大家一起大醉了一场。

这一醉,就是四百多个日子。在醉和梦当中,我度过了我的大一生活。在醉眼蒙咙里,我要满二十岁了。怎样的沉醉,也该是清醒的时候了。再醉下去,我不但对不起自己,也对不起我的兄弟。

生命中的明灯

我的生命大概不会很长久。然而在短促的过去的回顾中却有一盏明灯,照彻了我的灵魂的黑暗,使我的生存有一点光彩。这盏灯就是友情。我应该感谢它,因为有了它我才能够活到现在,而且把旧家庭给我留下的阴影扫除了的也正是它。

朋友是暂时的,家庭是永久的。在好些人的行为里我发现了这个信条,这个信条我实在是不可理解的。对于我,要是没有朋友,我现在会变成怎样可怜的东西,我自己也不知道。

我的生活曾经是悲苦的,黑暗的。然而朋友们把多量的同情,多量的爱,多量的欢乐,多量的眼泪分了给我,这些东西都是生存所必需的。这些不要报答的慷慨的施舍,使我的生活里也有了温暖,有了幸福。我默默地接受了它们。我并不曾说过一句感激的话,我也没有做过一件报答的行为,但是朋友们却不把自私的形容词加到我的身上。对于我,他们太慷慨了。

这一次我走了许多新地方,看见了许多新朋友。我的生活是忙碌的,忙着看,忙着听,忙着说,忙着走。但是我不曾遇到一点困难,朋友们给我准备好一切,使我不会缺少什么。我每走到一个新地方,我就像回到我那个在上海被日本兵毁掉的旧居一样。

每一个朋友,不管他自己的生活是怎样苦,怎样简单,也要慷慨地分一些东西给我,虽然明知道我不能够报答他。有些朋友,连他们的名字我以前也不知道,他们却关心我的健康,处处打听我的"病况",直到他们看见了我那被日光晒黑的脸和膀子,他们才放心地微笑了。这种情形的确值得人掉眼泪。

朋友们给我的东西是太多太多了。我将怎样报答他们呢?但是我知道他们是不需要报答的。

最近我在法国哲学家居友的书里读到了这样的话:"生命的一个条件就是消费……世间有一种不能跟生存分开的慷慨,要是没有了它,我们就会死,就会从内部干枯。我们必须开花。道德、无私心就是人生的花。"

在我的眼前开放着这么多的人生的花朵了。我的生命要到什么时候才会开花?难道我已经是"内部干枯"了么?

朋友说过:"我若是灯,我就要用我的光明来照彻黑暗。"我不配做一盏明灯,那么就让我做一块木柴罢。我愿意把我从太阳那里受到的热放散出来,我愿意把自己烧得粉身碎骨给人间添加点点温暖。

生死跳伞

汤姆有一架小型飞机。一天,他和好友库尔及另外5个人乘飞机过一个人迹罕至的海峡。

汤姆发现飞机油箱漏油了。飞机上的人一阵惊慌,汤姆说:"没关系,我们有降落伞!"说着,他将操纵杆交给也会开飞机的库尔,自己去取降落伞。汤姆给每个人发了一顶降落伞后,也在库尔身边放下一个盛有降落伞的袋。他说:"库尔,我带着5个人先跳,你在适当时候再跳吧。"说着,他带领5个人跳了下去。

飞机仪表显示油料已尽,库尔决定跳伞。他抓过降落伞包,一掏便大惊,包里没降落伞,是汤姆的旧衣服!库尔咬牙大骂汤姆,但只好使尽浑身解数,驾驶飞机能开多远算多远。飞机无声息地朝前飘着,往下降着,与海面距离越来越近⋯⋯就在库尔彻底绝望时,一片海岸出现了。他大喜,用力猛拉操纵杆,飞机贴着海面冲到海滩上,库尔晕了过去。

半月后,库尔回到他和汤姆所居住的小镇。他拎着那个装着旧衣服的伞包来到汤姆的家门外,发出狮子般的怒吼:"汤姆,你

96

这个出卖朋友的家伙,给我滚出来!"

汤姆的妻子和三个孩子跑出来,库尔很生气地讲了事情的经过,汤姆的妻子边说:"他一直没有回来。"她从包底拿出一张纸片,只看了一眼,就大哭起来。

库尔一愣,拿过纸片来看,纸上有两行极潦草的字,是汤姆的笔迹,写的是:"库尔:我的好兄弟,机下是鲨鱼区,跳下去必死无疑。不跳,没油的飞机会很快坠海。我们跳下后,飞机重量减轻,肯定能滑翔过去……你大胆地向前开吧,祝你成功!"

第五章　感悟挚美友情

爱的秘密

一个矿工在挖掘煤矿时，不慎触及未爆的炸弹而当场被炸死，他的家人只得到一笔微薄的抚恤金。

他的妻子在承受丧夫之痛的同时，还要面临经济的压力。她没有一技之长，不知道要如何谋生，正当忧愁之际，工头来看她，并建议她到矿场卖早点以维持生计。

于是她做了一些馄饨，一大清早就到矿场去卖。

开张的第一天，来了12位客人。随着时间的推移，热腾腾的馄饨吸引了更多的顾客。生意好时，有二三十人，生意清淡时，即使雨天或寒冬也不少于12人。

时间一久，矿工的妻子们都发现丈夫每天早上工作以前，都要吃一碗馄饨。她们对此百思不得其解，于是想一探究竟，甚至跟踪、质问丈夫，但都得不到答案。有的妻子自己做早餐给丈夫吃，结果丈夫还是去吃一碗馄饨。

在一次意外里，工头也被炸成重伤，弥留之际对妻子说："我死了以后，你一定要接替我，每天去吃一碗馄饨，这是我们同组伙伴的约定。朋友死了,留下孤苦的妻儿,除了我们,还有谁能帮助那对可怜的母子呢?"

从此以后,馄饨摊多了一位女性的身影。在来去匆匆的人群当中,唯一不变的是不多不少的12个人。

时光飞逝,转眼间,矿工的儿子已长大成人,而矿工的妻子也已两鬓斑白。然而,这位饱经苦难的母亲,依然用真诚的微笑来面对每一位顾客。前来光顾馄饨摊的人,尽管年轻的替代老的,女的替代男的,但从来未少于12人。经过十几年的岁月沧桑,12颗爱心依然闪闪发亮。

有一种承诺可以直到永远,那就是用爱心塑造的承诺,穿越尘世间最昂贵的时光。12个共同的秘密,其实只有一个秘密,那就是永恒的爱。

第六章　感悟唯美爱情

特殊的情人节

情人节已经到了,和一年中的其他每天一样,我都很忙。

我的丈夫罗伊非常浪漫,他安排了一个我们以前从未有过的约会,在一家豪华饭店预定了座位。在充满爱心的日子到来的前几天,一件包装精美的礼物一直放在我的梳妆台上。

一天辛劳后,我匆匆赶回家,跑进浴室,进行淋浴。等爱人回来时,我穿好了最漂亮的衣服,准备出发。他紧紧地抱住我,临时保姆也刚好赶到。我们俩都非常高兴。

不巧的是,我们家里最小的成员却不高兴。

"爸爸,你说过要带我去给妈妈买礼物,"说着,8岁的女儿贝基伤心地走到了沙发边,在临时保姆身边坐下来。

罗伊看了一下手表,意识到如果我们要按时到达预订的饭店,不得不立刻动身。他甚至抽不出几分钟时间带女儿到街角小店买一盒鸡心形巧克力糖。

"对不起,我今天回家晚了,宝贝儿。"他说。

"没关系,"贝基回答说。"我明白。"

整个夜晚苦甜参半。我总会情不自禁地想起贝基失望的眼神,我想起了房门在我们身后关闭之前,贝基因情人节而兴奋的光芒从脸上已经消失了。她想让我知道她是多么爱我,尽管她没有意识到,但我心里已经非常清楚。

如今,那个漂亮盒子里装了什么礼物我无法记得了。虽然我因它兴奋了好几天,但那晚回到家时收到的另一件特殊礼物,我却永远难忘。

贝基在长沙发上睡着了,手里还紧紧地抱着一个盒子,盒子放在她的膝间。当我吻她的脸颊时,她醒了。"妈妈,我要送给您一件东西。"她说着,灿烂的笑容绽开在了她的小脸上。

小盒子用报纸包裹着。我撕开报纸,打开盒子,发现了我曾收到过的最甜美的情人节礼物。

在我和罗伊离开家去约会后,贝基就忙了起来。她把我的织品和十字绣盒都翻出来,她在一块红织品上绣上了"我爱你",把布料剪成心形,将两块布缝到了一起,缀上了花边,并在里面塞满了棉花。这是一个充满爱的心形枕头,我会永远珍惜它。

大约13年后,那件奇妙的情人节礼物在我的卧室里仍占一席之地。女儿渐渐长大成人,这期间我多次将枕头紧紧地贴在心口。我不知道这个枕头是否藏有魔力,但我确信,这么多年来它曾给我带来了很多快乐。女儿离开家去上大学时,它帮助我度过了好几个不眠之夜。我不仅珍爱这件礼物,而且珍爱这份记忆。

我知道我确实是一位非常幸运的母亲,能有这样一个了不起的可爱女儿,她是那样渴望与我分享她的心。在我看来,只要我活着,绝不会再有比这更特殊的情人节了。

103

再见，我的爱妻

我第一次看见你真的可能是62年前吗？

我知道，这是真正的一生。但此刻我凝视你的眼睛，就像我昨天在汉诺威广场小咖啡馆第一次看见你一样。

从那一时刻起，我就看见你面带微笑，为那位抱着新生儿的年轻母亲开门。我知道我想和你共度余生。

我仍想起我第一次凝视你的样子一定很傻。我记得我目不转睛地望着你摘下帽子用手指抖松短短的黑发。我感到自己对你的一举一动都心醉神迷，望着你把帽子放在桌上，双手捧起那杯热茶，噘起嘴唇轻轻地吹去热气。

从那一时刻起，一切对我似乎有了完美的意义。咖啡馆里与熙熙攘攘的街道上的人们都消失在烟雾朦胧中。我所能看到的只有你。

我这一生都在不断回味着初次相遇的那一天。我好多好多次坐在那里想着那一天，回味稍纵即逝的几个瞬间，再次感受一见钟情是什么样子。多年之后，我仍有那些感觉，我知道我永远

都会拥有它们来安慰我。

即使在战壕里浑身颤抖，我也没有忘记过你的脸。我常常惊恐地蜷缩在湿泥中，周围子弹呼啸，炮声轰鸣。我将步枪紧握在胸前，又一次想起了我们第一次相遇的那一天。四周枪炮齐鸣，我常常惊恐地喊叫。但当我想起你，看到你像我微笑时，我四周的一切都会沉寂下来，而且我常常会想起与你在一起那几个宝贵的时刻，远离死亡和毁灭。直到再次睁开眼，我才会看到血流成河的战场、听到枪炮齐鸣。

9月休假，我伤痕累累，虚弱不堪，回到你身边，说不出对你的爱有多么强烈。我们相互紧紧地拥抱，我想我们会融为一体。就在那天，我请你嫁给我，你深情地望着我的眼睛说愿做我的新娘，我高兴得大声叫喊起来。

现在，我望着梳妆台上你的首饰盒边我们的结婚照。我想我们那时是多么青春天真。我还记得在教堂的台阶上我们笑得是那样开心，你说我穿着制服是多么勇敢英俊。照片现在已经陈旧褪色，但当我看着它时，我只看到我们青春勃发的光彩。我仍能清晰地记得当时你妈妈为你做的配着精致花边和漂亮珠宝的新婚礼服。如果我聚精会神，还能闻到你的婚礼花束的芬芳，你举着花非常自豪地让每个人都看到。

我还记得，一年后，你把我的手轻轻地放在你的腰间，在我耳旁低声说我们快有孩子了，我听到后欣喜若狂。

我知道，我们的两个孩子都深深地爱着你，他们现在就在门外等候。

你还记得乔纳森出生时我惊慌失措的样子吗？我现在还能

想起你笑我的样了,当时我笨手笨脚地第一次把他抱在怀里。我目不转睛地望着你,你的笑声渐渐变成了泪水。我望着他,也高兴得笑出了眼泪。

今天早上,莎拉和汤姆带着小泰西也赶来了。你还记得第一次看到小孙女时我们俩紧紧拥抱的情景吗?我简直无法相信,她下个月就8岁了。亲爱的,我忍着泪告诉你,她穿着漂亮的连衣裙和闪亮的红鞋今天有多美,她使我浮想联翩记起了第一次相遇时你的样子。她现在剪了短发,就像你多年前那样。亲爱的,当我在门口遇到她时,她的微笑像暖暖的手套一样裹住了我,就像你当初的样子。

亲爱的,我知道你累了,我必须放你走。但我是多么爱你,这样做是多么心痛。

当我们一起渐渐变老,我常常逗你说,自从我们第一次相遇以来你什么也没有改变。亲爱的,事实确实如此。我看不到别人所看到的你的皱纹和华发。我现在看着你,只看到你鲜嫩的香唇和青春闪亮的眼睛,当时我们坐在那条小溪边第一次野炊,绕着那棵高大的老橡树追逐。我真想让那些最初的时光永远持续下去。你还记得那些时光是多么激动和美妙吗?

亲爱的,我现在必须走了。我们的孩子们在外面等着。他们想和你道别。

我抹去眼角的泪水,弯曲弱不禁风的老腿,跪在地板上,以便我能跪在你身边。我贴向你,握住你的手,最后一次吻你的香唇。

亲爱的,安心睡吧。

　　我很伤心你离我而去,但请别担心。我知足了,明白自己很快会跟你在一起。没有你,我垂垂老矣、精神空虚,活不了多久。

　　我知道,我们不久就会又在汉诺威广场那家小咖啡馆见面。

第六章　感悟唯美爱情

107

知道我有多么爱你

我的祖父母结婚已经半个多世纪了，从他们认识以来就玩起了特殊的游戏。游戏的目的是在一个意想不到的地方写下"shmily"这个词让对方去发现。他们轮流在屋前房后留下"shmily"，对方一发现，就开始新的一轮让另一方藏着写。

他们用手指在糖盒和面盆上写下"shmily"，等着准备下顿饭的对方发现。他们在沾着露水的窗户上写下"shmily"，一次又一次的热水澡后，总会在雾气蒙蒙的镜子上留下"shmilv"。

有时，祖母甚至打开一整卷卫生纸，在最后一张纸上留下"shmily"。

没有"shmily"不可能出现的地方。匆匆写下的"shmily"的小字条会出现在汽车仪表板和车座上，或是粘贴在方向盘上。这些字条会被塞进鞋子里或留在枕头下面。

"shmily"会写在壁炉架上的尘埃上，勾画在壁炉的炉灰上。这个神秘的词像祖父母的家具一样成了他们房子的一部分。

过了好久，我才完全明白祖父母之间游戏的意义。我疑神疑鬼不相信真爱——那种纯洁持久的爱。然而,我从未怀疑过祖父母之间的关系。他们彼此相爱,那不仅仅是轻浮的小游戏,而是一种生活方式。他们的关系是基于投入和深爱,这不是每个人都有幸体验到的。

祖父母一有机会就握着手。他们在小厨房里相遇时偷吻,他们说完彼此说了一半的句子,每天一起玩纵横拼字和字谜游戏。祖母低声对我说祖父老当益壮、好酷好帅。她宣称自己的确明白"如何选择"。每次吃饭前他们低头致谢,对自己的种种福佑大为惊奇,因为家庭幸福、好运相伴和相亲相爱。

但祖父母的生活中出现了一片乌云:祖母乳腺癌复发。第一次出现是在10年前。像往常一样,祖父总是和她走完人生的每一步。为了安慰祖母,祖父将室内涂成黄色,这样在祖母病重不能外出时,也总能感受到周围的阳光。

现在癌症再次侵袭着她的身体。在拐杖和祖父的可靠帮助下,他们每天早上去教堂。但祖母日渐消瘦,直到最后她再也不能离开家。有一阵子,祖父常常独自去教堂,向上帝祈祷照顾他的妻子。

后来有一天,我们都担心的事还是发生了。祖母撒手而去。

"Shmily"用黄色写在祖母葬花的粉色缎带上。当人群渐渐散去、最后的哀悼者转身离去时,叔伯姑婶和其他家庭成员走上前来最后一次围聚在祖母四周。祖父走向祖母的灵柩,颤抖声音开始向她歌唱。透过悲泪,这歌声低沉轻柔,犹如催眠曲。

我因悲痛而颤抖,永远无法忘记那个时刻。因为我知道,尽管我无法测量他们爱的深度,但我有幸目睹了这无与伦比的美。

109

爱的礼物

无人知道爱的翅膀会落在哪里。有时,它会出现在最不寻常的地方。令人吃惊的是,它降临在洛杉矶郊区的一家康复医院——这里大多数病人行动无法自理。

医护人员听到这个消息时,一些护士开始哭了起来,院长哈里·麦克南拉默也大为震惊,但从那时起,哈里就把这看作是他一生中最伟大的一天。

一天早晨,迈克尔出现在哈里的办公室门口,他的身体用带子缚在轮椅上,借助呼吸器呼吸。

"哈里,我想结婚。"迈克宣布说。

"结婚?"哈里张大了嘴。"和谁?"

"胡安娜!"迈克尔说。"我们在恋爱。"

爱情,爱情穿越了医院之门,降临在两个完全瘫痪的人身上,穿透了他们的心灵——尽管两位病人衣食无法自理,需要呼吸器才能呼吸,而且再也不能行走。迈克尔得了脊髓肌肉萎缩症,胡安娜身患多发性硬化症。

结婚的念头是多么认真,当迈克尔拿出结婚戒指,露出多年不见的笑容时,越发明显了。事实上,医护人员从未见迈克尔这样善良温柔过,他一直是哈里的职员们公认的脾气最暴躁的人。

迈克尔的暴躁情有可原。他在医疗中心已经住了25年。9岁时,妈妈把他送来后,每周来看几次,直到去世。他总是大发雷霆,骂走护士,但至少他觉得医院是他的家,病人们都是他的朋友。

曾有一个女孩,坐在吱吱作响的轮椅里。迈克尔敢肯定她已经注意到了他,但她在中心并没有待多久。迈克尔在那里度过了大半生后,现在再也不想待下去了。

中心快要关门了,迈克尔被转移到了康复医院,远离了他的朋友们,而且更糟的是,远离了贝蒂。

迈克尔就是这个时候变得寂寞的,他不愿走出房间。朋友们驱车两个多小时来看他,但他还是垂头丧气,没人能影响他。

后来,有一天,他躺在床上,突然听到走廊传来一阵熟悉的嘎吱声。嘎吱声在他的门口停住了,胡安娜凝视着里面,请他和她一起出门, 他一下子来了兴致。从再次见到胡安娜的那一刻起,好像她让他焕发了生机。

他又仰望起了蓝天白云,开始参加医院的娱乐节目,连续几个小时与胡安娜聊天。不久,他向从24岁起就一直在轮椅上生活的胡安娜求婚,问她是否愿意嫁给他。

胡安娜曾度过一段艰苦日子。她没上完三年级就辍学了,因为她身体虚弱,经常昏倒。母亲嫌弃她懒,她生活在恐惧中,害怕母亲不要她。所以,她身体好些时,就会"像小女佣一样"打扫房间。

24岁前,她和迈克尔一样做过一次气管切开手术,以使呼吸

第六章 感悟唯美爱情

畅通。也就是在那个时候,她被正式确诊患有多发性硬化症。30岁时,她被送进医院接受全天护理。

"他说爱我时,我非常害怕,"她说,"我想他是在跟我开玩笑,但他对我说是真的,他对我说他爱我。"

情人节那天,胡安娜穿着一件白色绸缎结婚礼服,上面缀满珍珠,而且宽松得足以遮住轮椅和呼吸器。哈里帮着把她推到房门前。她泪流满面。

迈克尔穿着挺括的白衬衣和黑夹克,打着蝴蝶结,刚好盖在切除的气管上。他面带幸福的微笑。

门口挤满了护士,房间里都是病人,就连大厅里也满是医护人员。房间的每个角落都传来呜咽声。有史以来,医院还没有两个在轮椅上生活的人结婚的呢。

医院的娱乐节目主持人珍妮特·山口安排好了所有的一切。医护人员用捐来的钱买了红气球和白气球,同时配上鲜花,然后在拱门上点缀上绿叶。珍妮特请医院厨师做了一个三层柠檬味的结婚蛋糕。一个营销顾问请来了摄影师。

最后一项——接吻——无法完成。珍妮特用白绸缎把这对新人的轮椅系在一起,以此来象征这浪漫的时刻。

婚礼结束后,牧师强忍眼泪,悄然而出。"我已经主持了几千次婚礼,但这次是迄今为止最棒的一次。"牧师说,"这对人已经越过了障碍,展示了真爱。"

那天晚上,迈克尔和胡安娜第一次双双进入自己的房间。他们知道他们已经用爱情打动了很多人,而且收到了最伟大的礼物。他们收到了爱的礼物,而且谁也无法知道爱会落在哪里。

爱就是把对方放在首位

　　少女时代，我在脑海里对爱情和婚姻所想像的是诗情画意的生活。在家政学课上，老师让我们策划完美的婚礼、完美的婚宴，一直到新郎新娘开着豪华轿车离去。这就像电影里帅哥赢得美人归，他们从此幸福生活在一起。现实并不是这样的景象。

　　中学毕业后，我上了大学，决心要成为一名护士。我把婚姻忘在了脑后。让人吃惊的是，两年后我遇到了我愿意嫁的男人。

　　他来自爱达荷州的一个小镇，和他父亲一起经营农场。我来自南方的一个城镇，那里的人口比整个爱达荷州的人口都多。我总是强调我不知道要嫁给什么男人，但有一点是肯定的——他不会是农场主或奶牛场主。嗨，我两个都错了。我遇到的这个男人和他的父亲不仅是农场主还是奶牛场主。

　　我们在10月大雪开始前结了婚。大雪会下整整一冬天，我们唯一的娱乐就是听收音机或观看当地中学体育比赛。我的新婚丈夫是一个体育爱好者。他曾是拳击冠军，也参加过大多数的体育活动。我是一个艺术爱好者,演讲、戏剧和舞蹈是我的最爱。有这种娱乐活动的城镇距离我们最近的有40英里,而且整个冬天公路时开时关。

我们结婚才7个月时,我就得到消息说我母亲在与癌症抗争,活不了多久了。即使有75头奶牛和1400英亩地要耕种,我丈夫一看完电报就伤心地说:"亲爱的,收拾好行囊,我去给你订票。你马上和你父母亲在一起。"在他看来,没有什么别的决定可作。每周我会收到他的来信,告诉我农场的所有情况,询问我父母亲和我们全家人怎样。他很少说他独处的悲伤,也很少说他思念新婚妻子,只是在每封信的结尾都明确无误地写上"我爱你"。我少女时代的梦中情书应该是写满诉说永恒的爱和思念我的痛苦,但他的信却是简单叙述现实生活的几行字。

4个月后,举行完葬礼,我返回爱达荷州。我知道丈夫会到机场去接我。

他的眼神告诉我的要比任何梦中情书所能表达的多。在驱车80英里回我们家的路上,我说个没完,他静静地听着。当他最后有机会应答时,他让我打开汽车仪表板上的小柜,拿出一个上面写有我名字的信封。"我想送给你一件特别的东西,告诉你我有多么想你。"他平静地说。

我打开信封,发现有好多张参加该地区所有艺术活动的季票,是我们两个人的。我大吃了一惊。"我不相信,"我叫道,"你不喜欢这些东西!"

他伸出手臂,抱住我,平静地说:"是的,但你喜欢,所以我一定要学会。"

　　此时此刻,我意识到婚姻不是50比50,真正的爱有时是100比0。爱就是把对方放在首位。他率先垂范,给他年轻的妻子上了重要的一课——这一课促成了51年的幸福婚姻。

第六章　感悟唯美爱情

115

第七章 感悟慧美态度

工作的最高价值是"自我实现"

萨默·莱德斯说："实际上,钱从来不是我的动力。我的动力是对于我所做的事的热爱,我喜欢娱乐业,喜欢我的公司。我有一种愿望,要实现生活中最高的价值,尽可能地实现。"

是的,就是这种自我实现的热情,使他们热衷于他们所做的事业,而非单纯地为了名和利,甚至当他们可以控制生活的时速时,他们的脚还是不会离开油门。

一些心理学家发现。金钱在达到某种程度之后就不再诱人了。人生的追求不仅仅只是满足生存需要,还有更高层次的需求,有更高层次的动力驱使。其中,自我实现的需要层次最高,动力最强。

当一个人做他适宜且喜欢的工作,在工作中发挥他最大的才华、能力和潜在素质,不断自我创造和发展,他就满足了自己自我实现的需要。有自我实现驱动的人,往往会把工作当做是一种创造性的劳动,竭尽全力去做好它,使个人价值得到确证和实现。在自我实现的过程中,他将体会到满足感如同植物发芽般迅速膨胀。

你曾经感觉到满足感所带来的狂喜吗?你是否已经没有了目标,无法获取成长的力量呢?你有推动力,有坚定生命的动力吗?如果回答是否定的,那么,你还没有自我实现的强烈愿望。

要知道,对于人生的真正意义的追求,能够使我们热血沸腾,使我们的灵魂燃亮。这种追求并不仅仅局限于一般意义上的维持生计,它在更高层次上与我们身边的社会息息相关,并且能够满足我们精神上的最终需求。

只有在追求"自我实现"的时候,一个人才会激发出持久强大的热情,才能最大限度地发挥自己的潜能,最大程度地服务于社会。这种热情不只是外在的表现,它发自内心,来自你对自己正在做的某件工作的真心喜欢。

我们这里谈的不是瞬间的热情(这种偶尔的热情每个人都体验过),而是可以驱动一个人达到不凡成就的持久热情。相比那些被薪水所驱动的前行者而言,为满足"自我实现"这一人类最高需求而奋斗的人只占少数。所以说,持久的热情在一般人当中就像钻石般少有,然而,在正享受着幸福和成功的人群当中,这种热情就像空气般普遍。

热情是梦想飞行的必备燃料。这种燃料一旦被点燃,将让你的引擎在飞行期间生机勃勃地持续运转。有史以来,热情驱驶着世界上最杰出的人士,为追求"自我实现"而在他迷恋的领域里到达了人类成就的巅峰,同时推动着社会的进步,自己也享受到了美好的人生。

第七章 感悟慧美态度

学会从工作中获得乐趣

　　一位心理学家曾经做过这样一个实验。他将18名学生分成两个小组，每组9人，让一组的学生从事他们感兴趣的工作，另一组的学生从事他们不感兴趣的工作，没有多长时间，从事自己所不感兴趣的工作的那组学生就开始出现小动作，再一会就抱怨头痛、背痛，而另一组的学生正干得起劲呢！以上经验告诉人们：人们疲倦往往不是工作本身造成的，而是因为工作的乏味、焦虑和挫折所引起的，它消磨了人对工作的活力与干劲。

　　"我怎么样才能在工作中获得乐趣呢？"一位企业家说，"我在一笔生意中刚刚亏损了15万元，我已经完蛋了，再没脸见人了。"

　　很多人就常常这样把自己的想法加到既成的事实中。实际上，亏损了15万元是事实，但说自己完蛋了没脸见人，那只是自己的想法。一位英国人说过这样一句名言："人之所以不安，不是因为发生的事情，而是因为他们对发生的事情产生的想法。"也就是说，乐趣的获得也就是个人的心理体验，而不是发生的事情本身。

事实上，生活中的很多时候，我们都能寻找到乐趣，正如阿伯拉罕·林肯所说的："只要心里想快乐，绝大部分人都能如愿以偿。"但现实中的许多人不是从生活中、工作中去寻找乐趣，而是去等待乐趣，等待未来发生能给他带来快乐的事情。他们以为自己结婚以后，找到好工作以后，买下房子以后，孩子大学毕业以后，完成某项任务或取得某种胜利以后，就会快乐起来。这种人往往是痛苦多于快乐。他们不理解，快乐是一种心理习惯，一种心理态度。这种态度是可以加以培养并发展起来的。

每一件事，每一个人，从一定的意义上说都是珍奇独特的，只要愿意，这一切都是无穷无尽的快乐的源泉。只要你用快乐的心情去感受，你就能感到你身边工作的快乐。这里介绍几种从工作中获得乐趣的方法：

1.把工作看成是创造力的表现

现实中的每一项工作都可以成为一种具有高度创造性的活动。一位教师上一节好的课，不逊色于编排一出精彩的戏剧。一个运动员完美无缺的动作，从创造的角度来看，可以与十四行诗那样的作品相媲美，并且可以获得同样的精神享受。也许你会说自己是一名家庭主妇，并没有从事任何创造性的事业。这你就错了。你是否想过，你的一日一餐就如设宴一样，你对桌布、餐具的鉴赏力都有独到之处，能别出心裁，怎么说没有创造性呢！

2.把工作看成是自我满足

为了自我满足而从事工作是一种乐趣。一位产科大夫似乎心情特别愉快，因他刚刚接生了第100名婴儿。一名足球运动员也因他刚踢进10个球而欣喜若狂。现在,他又为自己能踢进11个球而兴高采烈地开始了新的训练。

3.把工作看成艺术创作

有一次,一位教授指着一位在附近挖排水沟的工人赞赏地说:"那是一个真正的艺人。看着那些污泥竟能以铁锹上的形状飞过空中,恰好落到他想让它落下的地方。"假如每个人都把自己的工作当成艺术创作,把自己单调、枯燥的打字看成是在钢琴前创作新的圆舞曲,把你在厨房炒菜,看作是油画创作,油、盐、酱、醋就是你的颜料,炒出的新花样就是你创作的新作品,那么你简单的生活就会变得丰富多彩。

4.把你的工作变为娱乐活动

把工作看作娱乐,就能以工作为消遣。在实际中很多人正是这样做的。请记住,劳动和娱乐的不同,就在于思想准备不同。娱乐是乐趣,而劳动则是"必做"的。假如你是职业足球员,如果把注意力放在娱乐上,你就可以和业余足球员一样,更加地投入比赛。这里不是说比赛本身不重要,而是不要把全部精力集中到比赛这个"赌注"上,而忘记了踢球本身就是娱乐。

处理好工作的轻重缓急

　　人的一生中，可以没有很大的名望，也可以没有很多的财富，但不可以没有工作的乐趣，不可以不享受生活的乐趣。工作是人生中不可或缺的一部分。如果从工作中只得到厌倦、紧张与失望，人的一生将会多痛苦，令自己厌倦的工作即使带来了"名"与"利"，这种荣耀也是非常虚幻的。

　　在瑞士，休息是最重要的权利，"会休息的人才会工作"这句话，几乎被每个瑞士人当成座右铭。喝咖啡是瑞士人理所当然的权利，各个写字楼的咖啡厅都是大家聚集闲聊的地方，学生们和老师们的课间休息就是去咖啡厅一起喝一杯，公司的同事也会时常溜到咖啡厅去休息。如果你去办事需要等待，别人也会建议你先去喝杯咖啡。总之，瑞士人强调生活不要太紧张，轻轻松松才是生活和工作的乐趣。如何安排每年的休假更是瑞士人的头等大事，许多人通常在前一年就开始计划如何安排日程。他们通常不顾手头的工作进展，该休假就休假，就算老板多给加班费也不干，天大的事情都得等度完假回来再办。瑞士人休假是纯粹的休息,不带手机不穿西装,或者上山或者下海,完全换了一个生活环境。

而我们周围的许多人休息时间要做什么?忙着逛街、忙着约会、忙着进修、甚至忙着继续加班……那么,具体该如何掌握工作和生活的平衡呢?

对于工作与生活之间的平衡,其实有一大部分决定于我们自己想要掌控生活的决心与意愿。要兼顾人生事业、健康、家庭各种目标,一定要做好时间管理,分辨各种活动轻重缓急的次序。如下建议可供参考:

1.抛却工作罪恶感

虽然有些加班情况与工作计划的截止期限有关,另一些则来自于上司的直接要求。但仍有许多情况,是因为没有人准时下班,所以你也不敢离开,不希望和别人不一样。不要再为任何理由而觉得自己在办公室做得不够多、留得不够久。要学会着眼于具体的工作成果、而非外在表象,并且确定老板知道这些成果。

2.休息一下,完成更多

我们让自己沉迷在追求生产的狂热心态中,就像置身于赛车轨道上一样,说服自己相信一秒钟也不可停息。一项由英国牛津健保公司进行的研究发现,目前有32%的劳工都在办公桌前吃午餐。然而,根据数十项研究报道,在午间花15分钟小睡一场,可以大幅提高一个人的警觉性,改善工作表现,并增进整体的健康状况。别再以忙碌作为借口,你绝对可以挪出15分钟让自己休息。

感悟生活的美

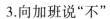

3.向加班说"不"

沟通技巧是解决问题一个很重要的关键。你必须据实告诉老板工作过量的状况,提出你认为可行的解决方法。切记不要采取对抗的姿态,应该同时考虑老板的立场,以合作的态度共同协商出双赢的结果。

4.停止匆促而忙碌的生活步调

愈来愈多人发现自己正在与机器竞赛,因而夜以继日地疯狂工作,连假期也不例外。人们慌慌张张、想要更迅速地完成更多,从而更快抵达下一个目的地。

为了改变这种状况,你可以试着就一两星期的生活做一份时间明细表,在一本日志上记下自己每天花掉时间的方式。在这个记录过程中,使用时间的模式会逐渐浮现。例如,时间在哪个地方被浪费掉、你在哪些事情上投注了过多的时间、时间的安排有哪些不太妥当。

5.别把自己累倒

你为了证明自己的价值而牺牲时间和健康,并且将任何违反这种慷慨奉献精神的行为视为软弱无能。其实,根本没有必要。与其把感冒或其他疾病当成对工作无所助益的干扰,不如将它们视为一些机会,使你能够恢复体力,以便应付未来一年的工作需要。同时也让这些病痛提醒你:如果你不好好照顾自己的话,将可能面临完全失去行为能力的下场。

6.明了自己的工作权利

虽然老板确实拥有相当大的权力,但事实上,你在职场中确实拥有一些权利,有些你自己可能不知道。在职场中善用权益的

第七章 感悟慧美态度

最好方法,便是彻底了解它们的内容。你应该让自己熟悉公司的政策,利用网络或图书馆研究职场法规,向政府机关查询,或是到书店挑选说明雇员权益的书籍。在提出任何要求之前,你必须做好自己的功课。

7.不要浪费你的休假时间

某些企业文化会鼓励成员竞相夸耀过度工作的程度,这种风气可能让你以为自己应该放弃或缩短假期。然而,如果公司明文制定了休假政策,无论是纸上谈兵、或是切实奉行,你都有权依法享用所有的假期。

8.争取更少工时、更多假期

为自己的需要提出要求。除非雇主知道你想要什么,否则你不可能会得到它。你必须证明自己可以同时满足公司的需求。重点是,因为这些充电的时间将使你恢复活力,你的工作效率和生产力都将因此提高。

9.在工作与家庭之间划下界线

随着科技的进步和通讯技术的发达,如今有愈来愈多的人需要时时与办公室保持联络。你每天查看几次电子邮件信箱?这条戒律理直气壮地侵入你的假期、家庭、汽车、车库或浴室,把你原本可以自由运用的时间剁削成碎屑。

你需要有能力告诉自己(一开始可以大声说出来):我现在要把工作的开关关掉了。关掉办公室的灯,离开自己的办公桌,借以帮助自己确定一天的工作已经结束。此外,你必须学着把生活区隔成不同的部分,把工作留在它所属的时段里,向它道别,然后安然地迈向夜晚或周末。

10.辞掉要命的工作

有些时候，受够了就是受够了。当健康或精神受到工作攻击，而你在用尽一切努力之后，仍然无法改变现状时，便有违反这条戒律的必要。我们必须将每一项工作看成类似顾问性质的短期合约。换句话说，就是不把自己当成隶属于这家公司的长期员工，保持独立性，并且在尊重契约的精神下各取所需，维持更换职务的弹性空间。

第七章　感悟慧美态度

127

关 于 好 心 情

好心情是人生中最好的伴侣。

好心情是自制的一剂良药。

好心情能让自己妙手回春。

谁都会有坏心情的时候。

阳光灿烂的日子不会每天拥有。

月有阴晴圆缺，人有悲欢离合。人生的日子，就是这样一段好一段坏地串连起来的。

上帝就像是个卖东西的，好赖非要一起搭配卖，并不那么和善、讲道理。这是客观，这是现实，这是规律，谁也奈何不得。

都会有个病，甚至大病；都会有个灾，甚至大灾。失恋、失业、失学；缺钱花、少友谊，没爱情；儿子不孝、父母不公、婆媳不和；升级没指标、职称没希望、房子没盼头；领导不器重、孩子不争气、老婆不可心；要文凭没文凭、要年龄没年龄、要后台没后台……

阴郁的心情，就是这样随着阴郁的日子一起按下葫芦起了瓢,像影子一样追随着你。可能刚碰着你的脑袋瓜,紧接着又砸着了你的脚后跟。这是没法子的事,谁也兴许得碰上。俗话说得好:看见狼吃肉的时候,你没看见狼挨打的时候;有在人前笑的时候,就有背后自己偷偷哭的时候……

所有的事情就是这样相辅相成,阴阳契合,像枝头的苹果一样,有红的一面,就有青的一面。再好再甜的果树,也有有虫的果。

怎么办?愁眉苦脸,垂头丧气,悲观消沉,怨天尤人,骂天骂地,破罐破摔?咬到一个有虫的果子,就愤愤地把一棵树都砍掉?……管用吗?能得到别人的同情吗?即使得到同情又管什么用?《国际歌》里唱得好:"从来就没有什么救世主,也不靠神仙皇帝,要创造人类的幸福,全靠我们自己。"靠我们自己什么?首先靠我们自己有个好心情。这是个首要的也是必要的条件,有了这个条件,才有可能迈出第二步,去创造一个未来。

好心情,会让阴雨连绵的日子出现阳光;

好心情,会让枯萎的花朵开放;

好心情,会让没路的地方踏出一条新的道路来;

好心情,会让没有希望燃起一簇火苗来;

好心情,会让你骤然绽放一种新的面容,会像是点燃一根爆竹的捻儿,能响起你意想不到的声音、怒放出你意想不到的花朵。

别不相信,好心情,有时能创造奇迹。

就像虎豹为了抗寒需要一身漂亮而结实的毛皮;

就像树木为了果实需要茂盛而芬芳的花叶;

129

就像鸟儿为了飞翔需要一副拍天的翅膀；

就像船儿为了航行需要一桅赴汤蹈火的风帆……

好心情就是虎豹的毛皮、树木的花叶、鸟的翅膀、船的风帆。

好心情可以伴你飞翔、帮你航行、助你御寒、鼓起你的勇气、树起你的自信，去努力结出命中注定的本来就该属于你自己的那一份果实。

好心情，确实是人生中的最好伴侣。

也许，你可能会失去别的心爱的伴侣，包括你的钱财、你的珠宝、你的宠物，甚至你的爱人……这都是很有可能的事情，但你千万别失去你的这个最好的伴侣——好心情。让好心情伴我们一生!

感谢的心

不要笑那些在饭前必定祈祷的基督徒,那不是迷信。一粥一饭,当思来之不易;谁知盘中餐,粒粒皆辛苦。心中常存感谢,自会知足,也就容易得到快乐。

幸福和快乐的感觉是很微妙的。衣罗穿锦,食前方丈,未必使人感到快乐。一个和睦的家庭,一个奋斗的目标,往往使人感到幸福已在身边。

早起可以听见清脆的鸟声,黄昏时可以看见玫瑰色的晚霞。春天百花争艳,秋日天高气爽。这个世界岂不美妙?岂不可爱?

动不动就怨天尤人,是把快乐和幸福摒绝于门外的愚蠢行为。不小心摔了一跤,不要埋怨地面不平,你应庆幸自己没有跌破了头。很久没有擢升,不要怨恨老板不公,比起失业的人,你已经很幸运。嫉妒、怨懑、愤恨、抑郁……都是诱使人衰老、生病、堕落和犯罪的毒蛇,千万不要去接近它。

要常常在心中这样想:今天是个大晴天,真是个好日子。下雨的时候也要感谢上苍,因为雨水可以滋润五谷。你觉得自己的家境不如人吗？想想那些贫困交迫的人吧。你认为自己长得丑吗？可是你四肢完整、身体健康,对不对?就算你不幸而有了身体上的缺憾吧,你还有健全的心智可以从事工作,又有什么好怨天尤人的?凡事要退一步想,不要钻牛角尖。天无绝人之路,海阔天空,到处都有柳暗花明。

　　用心去拥抱这个世界,经常存着感谢的心,你将会惊奇地发现,人生原来是这样美好!

从"心"出发

人们都梦想着自己成为天才或者伟人，但是，伟人只是人类中的极少一部分，他们的伟大是相对于平凡而言的。实际生活中，大多数人只局限在一定的活动范围之内，从人群中脱颖而出，成为伟人的几率是微乎其微的。但是，做一个正直诚实、光明磊落的人，最大限度地发挥自己的能力，实现自身的价值，这是人人平等的，也可以体现出人生的意义。

艾伦娜在1996年登上了美国《财富》杂志名人排行榜，而且还是排行榜中唯一一个白手起家的富人。在她刚刚起步时，许多人都认为她不可能在这个领域取得任何成绩。

1973年，艾伦娜还在美国上大学学习计算机专业的时候，就产生了一个念头，那就是在拉丁美洲销售计算机。在当时，美国个人计算机的价格在8000美元左右，而拉丁美洲的个人计算机价格却要昂贵得多。1980年，她将自己的想法和许多主要的计算机公司的高层进行交流，并请求给她一个机会，在拉美国家销售他们的计算机。

但是,计算机销售执行经理们却无一例外地给她泼了冷水。拉丁美洲正处于经济危机之中,许多国家都十分贫穷,那儿的人们没有钱来买计算机。因此,拉丁美洲的市场太小了,根本不值得他们去开拓。

然而,艾伦娜并不这样认为。她觉得,即使这个市场只有100万美元的承受能力,对我来说也已经足够了,我能从中挣到钱。而且由于它很小,所以不会有什么人去竞争这个市场。

只有23岁、没有任何销售和市场经验、是个女性,这些是她见过的经理们为她定义的三个不利因素。但是,她却清楚地知道两件事:一是在美国计算机比较便宜,二是拉丁美洲需要便宜的计算机。她满怀希望而又乐观地与一位银行家接触,这位银行家认为这简直是个愚蠢的行为,他们不会为之提供任何贷款,劝艾伦娜打消这种天真的想法。艾伦娜不死心,她试着直接与代理商联系,许多代理商根本就不想见她,只有两个人带着怀疑听了她的想法,但也不认为她的方法可行。她问这两个人:"你们现在在拉丁美洲的销售额是多少?"他们说:"零,一点没有。"艾伦娜对他们说:"我能每年在拉丁美洲销售你们公司1万美元的产品。"

为了达到目的,艾伦娜不得不答应所有订货必须预先付款。就这样,一家计算机公司在没有承担任何风险的情况下,给了她9个月的境外代理商资格。

由于没有任何的销售推广经验,艾伦娜所有行动的向导就是坚信自己的目标和信念。她在哥伦比亚下了飞机,住进了一家宾馆。来不及休息,她立即拿起了当地的电话号码本,开始给当地的计算机零售商们打电话。

出人意料,第二天,艾伦娜被约会塞得满满的,她飞奔着赶往一个个约会。那个时候拉美的思想还比较保守,商人们不习惯与一个女性做生意,而且还是一个这么年轻的女性。他们跟艾伦娜说:"你还是找你们的男主管来和我们谈吧,你这么年轻,还是个女的,怎么能行。"但是艾伦娜用自己的才能和言行征服了这些拉美的零售商,让他们心悦诚服。

在三个星期的行程中,艾伦娜如旋风般穿行于厄瓜多尔、智利、秘鲁和阿根廷。在每个国家,她都用同样的办法来推销她手上的产品。

"我原本计划销售1万美元的产品,出乎意料的是,我仅用三个星期的时间, 就接到了价值10万美元的订单和预先付款的现金支票。"艾伦娜回忆说。

渐渐地,艾伦娜的销售额超过了百万美元,甚至达到几百万美元。在其后的五年里,艾伦娜的销售额上升至令人震惊的1500万美元。就这样,她成立了自己的公司,继续开展这方面的业务,三年后销售额达到7000万美元。

后来, 艾伦娜又组建了一个新的公司开始向非洲销售计算机。市场专家们又一次告诉她非洲太穷了,根本就不适合销售个人计算机。那时的艾伦娜早已经习惯这些消极的反应了。她认为这些专家们的目光非常短浅,相信自己对未来趋势的预见。1991年, 她仅仅带了一份产品目录和一张地图就乘飞机到了肯尼亚首都内罗毕,开始了她的销售活动。她住进宾馆后,又拿起电话号码本开始联系当地的经销商。两个星期后,她带着15万美元的订单飞了回来……

一些年轻人，在刚刚步入社会时，大多拥有自己的想法，给自己设计了诸多条功成名就的道路。然而，相当一部分人没用多久，在压力、现实及旁人言语左右下，高高地举起双手屈服了。

而有一些人在走自己的道路的过程中，也会听到别人不同的意见，但他们对自己的信念始终坚定不移，他们最后大多有所成就。可见，当别人对你的行为抱有怀疑甚至是反对的态度时，坚持自我的意见，才能有更大的突破。

因此，你不必过于在意别人的看法，别人的意见只能拿来做一下参考。用心思考，你会发现，几乎每一个成功的故事都源于一个伟大的想法，而故事的主人公无一例外地会遇到怀疑和困境，但他们之所以能够成功，就在于他们能够使这些杂音在头脑中沉寂下来，让自己静静地倾听真正的声音，然后义无反顾地大踏步前行。

第八章 感悟完美心态

改变心态，从悲观走向乐观

如果你能改变你的心态，从悲观走向乐观，你便可以使你的一生发生改观。

美国一个研究机构至今已进行了104项科学研究工作，研究对象达15000人，现已逐渐证明乐观能帮助你变得更幸福，更健康，并且更能获得成功。而悲观呢？正相反，能导致你绝望、患上疾病和走向失败。美国休士敦市赖斯大学心理学家克雷格·安德逊说："如果我们能引导人们更乐观地去思想，这就好比是给他们注射了防止精神疾病的预防针。"

美国宾夕法尼亚州匹兹堡市卡内基——梅隆大学的心理学家麦可·沙尔解释说："你的才能当然重要，但相信自己定能成功的想法常常成为决定你成败的一个因素。"其原因是，乐观的人与悲观的人在遇到同样的挑战和失意时，各自采取的处理方式是截然不同的。

某保险公司雇用了一百名在应考中落选而在思想乐观性上得分很高的人为营业员。这些人，在过去根本不可能被雇用，这次却出乎意料,推销成绩比平均水平的营业员的成绩高出10%。他们是凭什么做到这一点的呢?按照心理学家塞立格曼的说法,乐观者成功的秘诀,在于他们的"解释方式"。当事情出了差错时,悲观者倾向于责备自己。"我不善于干这个,"他说,"我总是失败。"而乐观者则去找出错的漏洞。若是事情很顺利,乐观者就归功于自己,而悲观者却把成功视为侥幸。

克雷格·安德逊曾经让一批学生打电话给陌生人,让他们为红十字会献血。当他们打了一两次电话而毫无结果的时候,悲观的学生就说:"我干不了这事。"乐观的则对自己说:"我要换个法儿去试试。"

安德逊认为:"如果人们感到失望,那他们就不会去获取成功必需的技能。"

根据安德逊的看法,自我感觉的控制是成功的试金石。乐观者感觉自己的命运是操纵在自己的手上,如果事情不妙,他便迅速采取行动,寻找措施,拟定一个新的行动计划,并且博采众家之见;悲观者则觉得自己处处受命运的捉弄,因而迟迟不肯行动。他认定了自己无计可施,因此也不向他人求教。

乐观者会认为他们比既成事实显现的还要高出一筹,有时,这种意会能使他们生存下去。美国匹兹堡癌症研究所的桑德拉·利维医生对患有晚期乳腺癌的病妇进行一番调查研究,发现平常比较乐观的病妇在接受治疗后,病不复发的时间维持的较长,这就是生存的最佳精神状态。而悲观的病妇病情发展要快一些。

乐观心态的确不能治疗不治之症,但可以防止普通的疾病。在一项长期研究中,研究人员调查了一批哈佛大学毕业生的健

139

康史。他们在班级里成绩都是中等以上,而且健康状况良好。然而其中有的人思想是乐观的,有的人却悲观消极。20年以后,患有中年人疾病的,例如高血压、糖尿病和心脏病等等,悲观者的人数超过了乐观者。

很多研究结果表明,悲观心态者无能为力的感觉会削弱人体自身的天然防线——免疫系统。美国密西根大学的克利斯朵夫·彼得逊医生发现,悲观的人都不会很好地照顾自己。他们觉得自己很被动,不能承受生活的打击,无论他怎么做,都免不了生病和其他一些不幸的事临头。于是乎,他吃饭便狼吞虎咽,不讲究营养,不做健身运动,不去看医生,却从来忘不了喝酒。

大多数人都是兼有乐观和悲观的心态,但不是倾向于这一方就倒向另一方。塞格立曼说:"这是一种'在母亲的膝下'学到的思维模式。"它是从千百次的警告或鼓励、千百次的责备和表扬之中发展起来的。太多的"不准"和危险警告,会让儿童觉得自己无能、恐惧——最终走向悲观。

在儿童的成长过程中,都经历过小小的成功的喜悦,类似学会了系鞋带。父母可以帮助他们把这些成就变换为自我感觉有控制的意念,从而进一步培养出他们的乐观心态。

悲观是一种不易更改的习性,但这不是绝对的。在一系列使人关注的研究中,美国伊利诺大学的卡罗尔·德维克医生曾为一些小学低年级的儿童工作了一段时间,由于她帮助学习成绩不好的学生改变了他们对自己的解释方式,从"我是个笨蛋"改为"我没有用功读书"。结果,这些学生的学年考试成绩都有了长进。

你要是悲观主义者,按下面的方法去做,你就能改变:

首先, 在不如意的事情发生时, 请细致地注意你自己的思想,把最先出现在头脑里的想法,不加修饰也不增删地写下来。

接着,做一个试验。做一件与消极反应相对立的事。例如当工作出了差错,你是否心里想:"我恨我的工作,但我永远不可能找到一个更好的工作。"做出与此想法相反的行动,如寄出去几份履历表,去参加面试,去找招聘的消息。

然后, 注意事态的发展。你最初的想法是正确的还是错误的?"如果你的想法使你退缩,那就改变它,这种办法虽不一定奏效,却能给你提供一个机会。"

快乐的人才会真正拥有这个世界

　　生活是一面镜子,你对它笑,它就对你笑;你对它哭,它也对你哭。如果我们心情豁达、乐观,我们就能够看到生活中光明的一面,即使在漆黑的夜晚,我们也知道星星仍在闪烁。一个心境健康的人,就会思想高洁,行为正派,就能自觉而坚决地摒弃肮脏的想法,不与邪恶者为伍。我们既可能坚持错误、执迷不悟,也可能相反,这都取决于我们自己。这个世界是我们自己创造的,因此,它属于我们每一个人,而真正拥有这个世界的人,是那些热爱生活、拥有快乐的人。也就是说,那些真正拥有快乐的人,才会真正拥有这个世界。

　　具有乐观、豁达心态的人,无论在什么时候,他们都感到光明、美丽和快乐的生活就在身边。他们眼睛里流露出来的光彩使整个世界都溢彩流光。在这种光彩之下,寒冷会变成温暖,痛苦会变成舒适。这种心态使智慧更加熠熠生辉,使美丽更加迷人灿烂。那种生性忧郁、悲观的人,永远看不到生活中的七彩阳光,春日的鲜花在他们的眼里也顿时失去了娇艳,黎明的鸟鸣变成了令人烦躁的噪音,无限美好的蓝天、五彩纷呈的大地都像灰色的布幔。在他们眼里,创造仅仅是令人厌倦的、没有生命和没有灵魂的苍茫空白。

尽管愉快心态的人主要是天生的,但正如其他生活习惯一样,这种心态也可以通过训练和培养来获得或得到加强。我们每个人都可能充分地享受生活,也可能根本就无法懂得生活的乐趣,这在很大程度上取决于我们从生活中提炼出来的是快乐还是痛苦。我们究竟是经常看到生活中光明的一面还是黑暗的一面,这在很大程度上决定着我们对生活的心态。任何人的生活都是两面的,问题在于我们自己怎样去审视生活。我们完全可以运用自己的意志力量来做出正确的选择,养成乐观、快乐的心态,而不是相反。乐观、豁达的心态有助于我们看到生活中光明的一面,即使在最黑暗的时候也能看到光明。

不管你生活中有哪些不幸和挫折,你都应以欢悦的心态微笑着对待生活。

1.要朝好的方向想。有时,人们变得焦躁不安是由于碰到自己无法控制的局面。此时,你应承认现实,然后设法创造条件,使之向着有利的方向转化。此外,还可以把思路转向别的什么事上,诸如回忆一段令人愉快的往事。

2.不要把眼睛盯在"伤口"上。如果某些烦恼的事已经发生,你就应正视它,并努力寻找解决的办法。如果这件事已经过去,那就抛弃它,不要把它留在记忆里,尤其是别人对你的不友好心态,千万不要念念不忘,更不要说:"我总是被人曲解和欺负。"当然,有些不顺心的事,适当地向亲人或朋友吐露,可以减轻烦恼造成的压力,这样心情会好受一些。

3.放弃不切实际的幻想。做事情总要按实际情况循序渐进,不要总想一口吃个胖子。有人为金钱、权力、奋斗,可是,这类东西你获得越多,你的欲望也就会越大,这是一种无止境的追求。一个人发财、出名似乎是一下子的事情,而实际上并不然。因此,你应在怀着远大抱负和理想的同时,随时树立短期目标,一步步地实现你的理想。

4.要意识到自己是幸福的。有些想不开的人,在烦恼袭来时,总觉得自己是天底下最不幸的人,谁都比自己强。其实,事情并不完全是这样,也许你在某方面是不幸的,在其他方面依然是很幸运的。如上帝把某人塑造成矮子,但却给他一个十分聪颖的大脑。请记住一句风趣的话:"我在遇到没有双足的人之前,一直为自己没有鞋而感到不幸。"生活就是这样捉弄人,但又充满着幽默之味,想到这些,你也许会感到轻松和愉快。

聪明的人往往是处在烦恼中,也能够寻找到快乐的心情。因烦恼本身是一种对已成事实的盲目的、无用的怨恨和抱憾,除了给自己心灵一种自我折磨外,没有任何的积极意义。为了不让烦恼缠身,最有效的方法是正视现实,摒弃那些引起你烦恼不安的幻想。世界上不存在你完全满意的工作、配偶和娱乐场地,不要为寻找尽善尽美的道路而挣扎。实际上,并不是所有在生活中遭受磨难的人,精神上都会烦恼不堪。相信很多人对生活的磨难、不幸的遭遇,往往是付之一笑,看得很淡。倒是那些平时生活安逸平静、轻松舒适的人,稍微遇到不如意的事情,便会大惊小怪起来,引起深深的烦恼。这说明,情绪上的烦恼与生活中的不幸并没有必然的联系。生活中常碰到的一些不如意的事情,这仅仅是可能引起烦恼的外部原因之一,烦恼情绪的真正病源,应当从烦恼者的内心去寻找。大部分终日烦恼的人,实际上并不是遭到了多大的个人不幸,而是在自己的内心素质和对生活的认识上,存在着某种缺陷。因此,当受到烦恼情绪袭扰的时候,就应当问一问自己为什么会烦恼,从内在素质方面找一找烦恼的原因,学会从心态上去适应你周围的环境。

第八章 感悟完美心态

145

成大事者都具有自信的心态

　　成大事者都具有自信的心态，这样你就会拥有巨大的力量面对一切。而那些软弱无力、犹豫不决、凡事总是指望他人的人，是永远不能体会到自立者身上焕发出的那种荣耀的光辉的。

　　成就卓著的时代伟人都对自己拥有超乎常人的信心。英国诗人华兹华斯毫不怀疑自己在历史上的地位，也不避讳于谈论这一点。恺撒一次在船上遭遇暴风雨，艄公非常担心安危。恺撒说："担心什么?你是和恺撒在一起。"

　　命运之神早已给我们在社会等级上安排好了一个位置，为了不让我们在到达这个位置之前就跌倒，它要让我们对未来充满希望。正是由于这个原因，那些雄心勃勃的人都带有过分强烈的自信的色彩，甚至到了自以为是的地步，但这却是为了让他获得继续向前的动力。一个人的自信正预示着他将来必定大有作为。

　　从交往、做事的方面看，去相信那些充满自信的人，也是一种保险的做法。如果一个人开始怀疑自己的正直诚实，那么，这离别人对他产生怀疑也为时不远了。道德上的堕落,事业上的失败往往最先在其身上露出自卑的征兆。

许多人整日不停地忙碌着,他们所有时间都花在辛勤工作、勤奋读书上面,这样的人怎么会不成功呢?今天的世界是一个尊崇勇气和胆量的世界,一个凡事缺乏自信、满口抱怨的年轻人,难免要受到人们的轻视。

德国哲学家谢林曾经说过:"一个人如果能意识到自己是什么样的人,那么他很快就会知道自己应当成为什么样的人。但他首先在思想上得相信自己的重要,很快,在现实生活中,他也会觉得自己很重要。"

对个人来说,重要的是我们要能够说服自己相信我们自身所拥有的能力,如果做到这一点,那么我们很快就会拥有巨大的力量。固然,谦逊是一种智慧和美德,可是,我们也不应该轻视自立自信的价值,它比任何个性因素都更能体现一个人的气概和做事的意志。

英国历史学家弗劳德也说:"一棵树如果要结出果实,必须先在土壤里扎下根。同样,一个人也需要学会依靠自己,学会尊重自己。不接受他人的施舍,不等待命运的馈赠。只有在这样的基础上,才可能做出成就。"

青年人应该摒弃自卑和不自信的一切不良心态,培养自己的自信和自尊,使自己超越于一切卑贱的行为之上,从而与各种各样的侮辱与不体面绝缘,做一个重要的人物,一个有益于社会的大人物。

现实中,人们总不免受到外部的评价和议论,如果别人不相信成大事者，如果别人因为成大事者的思想经常表现出消极软弱而认为自己无能和胆小，那么，成大事者将不可能把自己的人生提升到一些责任重大的高级职位上去。

成大事者通常能给人展示一种自信、勇敢和无所畏惧的印象，或者具有那种震慑人心的自信。相信自己能够成就大事的人，通常养成了一种必胜的心态。

这些习惯和实际行动的努力，将会改变世俗的眼光和错误的评价。以胜利者心态生活的成大事者，以征服者心态生活在世界上的人，与那种以卑躬屈膝、唯命是从的被征服者心态生活的人相比，与那种仿佛在人类生存竞赛中遭到惨败的人相比，是有很大区别的。

美国一代著名总统的西奥多·罗斯福，是一个总给人以朝气蓬勃、能力超凡印象的人。他自信总是能感染其他人，这与那种胆小怕事、软弱无能、自卑怯懦的人，与那种总是表现得缺乏勇气与活力的人比较，简直是天壤之别。

令人信服和给人以充满活力形象的正是我们身上那种神奇的自我肯定的力量。如果你的心态不能给你提供精神动力，那么，你就不可能在世上留下一个积极者、创造者的美名。一些人总是奇怪自己为什么在社会中如此卑微，如此不值一提，如此无足轻重。其中的原因就在于他们不能像征服者那样去思考、去行动。他们没有创造者、胜利者或征服者的心态，他们总给人以软弱无力的印象。要知道，思想积极的人才富有魅力。思想消极的人则使人反感，而胜利者总是在精神上先胜一筹。

一些人往往给我们留下这种印象，即他们绝不可能获胜。他们所有的期待便是侥幸能过上一种相当舒适的生活。他们一开始就认为,生活充其量不过是一件苦差使,全是单调艰苦的工作罢了,而事实上,很多人的生活常常是与快乐相伴,并享有荣誉和尊严的。积极乐观的生活应该是不断发展、进步的,应该是一个知识不断扩展、深化的过程,应当是将我们心头渐露端倪的良知更深入地推向前进的过程。积极乐观的生活应当给我们一生极大的满意感,你也能从中体会到成功的快乐和自信,没有任何东西能替代这种胜利感,没有任何东西能消除这种自信的意识。在一次法庭辩论上,作为辩护律师的库兰说:"我研究过我收藏的所有法学著作,都找不到一个这样的案例—在对方律师反对的情况下,还可以预先确定某项条件,这样的事情从来没有发生过。"

"先生——"主审的罗宾逊法官打断了他的活,这位法官是因为写过几本小册子才得到现在的职位的,但那些书写得非常糟糕,粗俗不堪。他接着说:"我怀疑你的图书馆藏书量不够。"

"确实,先生,我并不富裕,"年轻的律师十分镇定,他直视着法官的眼睛,"这限制了我购书的数量。我的书不多,但都是精心挑选,而且是仔细阅读过的。我阅读了少数精品著作,而不是去写一大堆毫无价值的作品,然后才进入这一崇高的职业领域的。我并不以我的贫穷为耻,相反,如果我的财富是因为我卑躬屈膝,或是用不正当手段获得的,那我会真正感到羞愧。我或许不能拥有显赫的地位,但我至少保持了人格上的正直诚实。倘若我放弃正直诚实去追求地位,眼前就有很多的例子告诉我,这么做或许会让我得到所需要的东西,但在人们的眼里,我却只会显得更加渺小。"从此以后,罗宾逊再也不敢嘲笑这位年轻的律师了。

　　成大事者都具有自信的心态，他们无时无刻不在展现自己的这一心态,无论是希望或担忧,都是他们特有的心态标签。

积极者眼中永远没有"不可能"

那些成功的人，如果当初都在一个个"不可能"的面前，因恐惧失败而退却，放弃尝试的机会，就不可能等到成功的降临，他们也只能一生平凡。不经过勇敢的尝试，就无从得知事物的深刻内涵而勇敢作出决断，即使失败了，也会由于对实际的痛苦亲身经历而获得宝贵的体验，从而在命运的挣扎中愈发坚强，愈发有力，愈接近成功。

古代波斯有位国王，想挑选一名官员担当一个重要的职务。他把那些智勇双全的官员全都招集了来，想试试他们之中究竟谁能胜任。官员们被国王领到一座大门前，面对这座国内最大的、来人中谁也没有见过的大门，国王说："爱卿们，你们都是既聪明又有力气的人。现在，你们已经看到，这是我国最大最重的大门，可是一直没有打开过。你们中谁能打开这座大门，帮我解决这个久久没能解决的难题？"

不少官员远远地望了一下大门，就连连摇头。有几位走近大门看了看，退了回去，没敢去试着开门。另一些官员也都纷纷表

示没有办法开门。

这时,有一名官员走到大门下,先仔细观察了一番,又用手四处探摸,用各种方法试探开门。几经试探之后,他抓起一根沉重的铁链子,没怎么用力拉,大门竟然开了!

原来,这座看似非常坚牢的大门,并没有真正关上,任何一个人只要仔细察看一下,并有胆量去试一试,比如拉一下看似沉重的铁链,甚至不必用多大力气推一下大门,都可以打得开。如果连摸也不摸,看也不看,自然会对这座貌似坚牢无比的庞然大物感到束手无策了。

国王对打开了大门的大臣说:"朝廷那重要的职务,就请你担任吧!因为你不局限于你所见到的和听到的,在别人感到无能为力时,你却会想到仔细观察,并有勇气冒险试一试。"他又对众官员说:"其实,任何看似难以解决的问题,都需要我们开动脑筋,仔细观察,并有胆量冒一下险,大胆地试一试。很多问题其实并不像你们想的那么难。"

那些没有勇气试一试的官员们,一个个都低下了头。

对于消极失败者来说,他们的口头禅永远是"不可能",这已经成为他们的失败哲学,他们"遵循"着"不可能"哲学,一直走向失败,做什么都不会成功。

只要敢于蔑视困难,把问题踩在脚下,最终你会发现,所有的"不可能",最终都有可能变为"可能"!

"不可能"只是失败者心中的禁锢,具有积极心态的人,从不将"不可能"当做一回事。

科尔刚到报社当广告业务员时,经理对他说:"你要在一个月内完成20个版面的销售。"

20个版面,一个月内?科尔认为这很困难。因为他了解到报社最好的业务员一个月最多才销售15个版面。

但是,他不相信有什么是"不可能"的。他列出一份名单,准备去拜访别人以前招揽不成功的客户。去拜访这些客户前,科尔把自己关在屋里,把名单上客户的名字念了10遍,然后对自己说:"在本月之前,你们将向我购买广告版面。"

第一个星期,他一无所获;第二个星期,他和这些"不可能的"客户中的5个达成了交易;第三个星期他又成交了10笔交易;月底,他成功地完成了20个版面的销售。

在月度的业务总结会上,经理让科尔与大家分享经验。科尔只说了一句:"不要恐惧被拒绝,尤其是不要恐惧被第1次,第10次,第100次,甚至上千次的拒绝。只有这样,才能将不可能变成可能。"

报社同事给予他最热烈的掌声。

在生活中,我们时常碰到这样的情况,当你准备尽力做成某项看起来很困难的事情时,就会有人走过来告诉你,你不可能完成。其实,"不可能完成"只是别人下的结论,能否完成还要看你自己是否去尝试,是否去尽力。是否去尝试,需要你克服恐惧失败的心态;是否尽力,需要你克服一切障碍,获得力量。以"必须完成"或者"一定能做到"的心态去拼搏奋斗,你一定会做出令人羡慕的成绩。

在积极者的眼中,永远没有"不可能",取而代之的是"不,可能"。积极者用他们的意志、他们的行动,证明了"不,可能"的"可能性"。

153

要有足够强烈的成功欲望

　　成功只垂青那些拥有进取心态的人。如果你没有足够强烈的成功欲望,你也就不会有追求成功的进取动力。

　　有一位年轻的弟子问苏格拉底成功的秘诀,苏格拉底没有直接回答,而是把他带到一条小河边,年轻人觉得很奇怪。只见苏格拉底扑通一声跳到河里去了,并且在水里向年轻人招了招手,示意他下来。年轻人也就糊涂地跳下了水。

　　刚一下水,苏格拉底就把他的头摁到了水里,年轻人本能地挣扎出水面,苏格拉底又一次把他的头摁到了水里,这次用的力气更大,年轻人拼命地挣扎,刚一露出水面,又被苏格拉底死死地摁到了水里。这一次,年轻人可顾不了那么多了,死命地挣扎,挣脱之后就拼命地往岸上跑。跑上岸后,他打着哆嗦对大师说:"大……大师,你要干什么?"

　　苏格拉底丝毫不理会这位年轻人就上了岸。当他转身离去的时候,年轻人感觉好像有些事情还没有弄明白,于是,他就追上去问苏格拉底:"大师,恕我愚昧,刚才你对我做的那个动作我还没有悟过来,能否指点一二?"苏格拉底看看这个年轻人还有些耐心,于是对年轻人说了一句很有哲理的话:"年轻人,要成功,就要有成功的欲望,这种欲望就像你刚才那种强烈的求生欲望一样,使你欲罢不能。"

要想成功,仅仅有成功的希望是不够的,一个优秀的推销员最重要的素质是要有强烈的成交欲望,一个运动员最优秀的品质是永远争第一的欲望。如果你没有强烈的成功欲望,就不会有一往直前的勇气和与困难搏斗的毅力。相反,如果你迫切希望成功,那么,你就会想尽一切办法,冲破一切阻碍,对成功路上的荆棘无所畏惧,这就是欲望的力量。所以,要想成功,首先要有强烈的成功欲望。

这种强烈的成功欲望,我们可以用一个词来概括:野心。

以前人们对野心这个词存有偏见,一说起这个词就认为它是贬义词,但是慢慢地,人们的看法改变了,野心所涵盖的范围越来越广泛,它与成功也挂起钩来。野心与成功好像很不搭调,但是它们之间的关系却密切得想分也分不开。如果你不信,那就让我们来听听专家们是怎么说的吧。每个人在其梦想、雄心、目标、表现、行为和工作中显现的精力、能量、意志、决心、毅力和持久的努力的程度,主要由"想"和"想要"某件事的程度决定。这条原则千真万确,甚至可以把它总结为一条这样的规律:"你可以实现任何愿望——只要你有强烈的愿望。"野心是行为的动力,失去了这个动力,人——这部精密的机器——就要停止运转、完全瘫痪。

我们每个人都有过热血沸腾的少年时期,那时我们任由野心驾驶着我们人生的火车，野心的任务就是驱使我们的火车更快地向前，而我们自己的任务便是要保持我们的野心时刻具有充足的精力，并让它工作下去。

如果你整天胸无大志地晃来晃去，而且无所事事，如果你人生的火车无人来驾驶，就停在那里，锈迹已经腐蚀了发动机，我们大概可以肯定，你将来会庸庸碌碌、毫无意义地过一辈子。我们大多数人只会默默无闻，而那些注定要成大事者，正是那些在野心永无休止的驱赶下，最终穿过风霜雨雪，穿过黎明和黑夜的人。

成大事者必有野心，成大事者往往都是从小时候起就有着远大的抱负，心中都有一个目标，都有一个理想的偶像。他们就这样通过自己的不懈努力向"大人物"靠拢。

威廉·詹姆斯说："与真正清醒的自我相比，生活中的我们只能算半梦半醒。我们的火焰熄灭了，我们的蓝图暗淡了，我们的智力和体力只开发了很小很小的一部分。"

永不停息地超越自我表明了成大事者的进取心。他们和时间赛跑，和自己赛跑，他们攀登一个个高峰并一次次地去征服下一个高峰。也许生活中最重要的历程是超越了生存意义的活动。当我们对于某件事情抱有非凡的野心，实现了以前想都不敢想的梦想时，一份罕见的、甜美的时光就会充满我们的生活。

辉煌的成就属于那些对成功富有野心的人，如果你自己不求上进，谁拿你也没有办法，你自己不行动，上帝也帮不了你。

在这个世界上，谁也不可能成为最优秀的人，因为总会有更加杰出的人物出现在你的面前。但我们不能因此而自卑，更不能放弃，要努力胜过别人，用超越别人自信的野心不断激励自己。不管在哪里，都要怀有一份勃勃野心，让自己不甘于平庸的境地。要明白最终超越别人，远没有超越自己重要，因为最终的"大人物"是自己。

第八章　感悟完美心态

157

贪权惹灾祸，忍耐得平安

　　万祸皆因贪起，一个贪字，不知害了多少人的性命。《韩非子》中有一句话："顾小利则大利之残。"关于这一点，有一个历史故事。

　　战国时期，晋国想攻打小国虢，而进攻虢必须经过虞国。因此，晋王赠给虞国国王很多宝物与骏马，要求虞王让晋国军队通过虞国，而能顺利攻打虢国。虞国有一位大臣极力反对借路给晋国，他说："我国与虢国关系十分密切，如果借路给晋国，唇亡齿寒，那么虢国灭亡的同时也将是我国灭亡之日。请陛下绝对不要接受晋国的礼物。"

　　但是受到耀眼的宝石和美丽的骏马所蒙蔽的国王却不听大臣的忠告，而借道给晋国。结果正如同大臣所预测的，晋军在灭了虢国之后，回程便攻破虞国，宝石和骏马当然又物归原主了。

　　由于虞国国王受到眼前利益的诱惑而不顾无穷的后患，终至亡国。也许有人会取笑虞王的愚蠢，其实像这样的事情在我们历史中也是经常发生的。

过于贪恋权柄,集大权于一身不肯轻易松手的人,实际上是很愚蠢的人。他不知道贪权的害处,或是已经知道其害处,仍执迷不悟地疯狂占有权势,不知"忍"一时之害,求身家保全,败亡之祸也就临头了。南宋时的韩侂胄就是这样的人。

韩侂胄在南海县任县尉时,曾聘用了一个贤明的书生,韩侂胄对他十分信任。韩侂胄升迁后,两人就断了联系。宁宗时,韩侂胄以外戚的身份,任平章,主持国政。当他遇到棘手的事情时,常常想起那位书生。

一天,那位书生忽然来到韩府,求见韩侂胄。原来,他已中了进士,为官一任后,便赋闲在家。韩侂胄见到他,十分喜欢,要他留下给自己做幕僚,许诺他丰厚的待遇。这位书生本不想再入宦海,无奈韩侂胄执意不放他走,他只好答应留下一段时日。

韩侂胄视这位书生为心腹,与他几乎无话不谈。不久,书生就提出要走,韩侂胄见他去意甚坚,也只好答应了,并设宴为他饯行。两人一边喝酒,一边回忆在南海共事的情景,相谈甚欢。到了半夜,韩侂胄屏退左右,把座位移到这位书生的面前,问他:"我现在掌握国政,谋求国家中兴,外面的舆论怎么说?"

这位书生立即皱起了眉头,端起一杯酒,一饮而尽,叹息着说:"平章的家族,面临着覆亡的危险,还有什么好说的呢?"

韩侂胄知道他从不说假话,因而不由得心情沉重起来。他苦着脸问:"真有这么严重吗?这是为什么呢?"

这位书生用疑惑的目光看了韩侂胄一眼,摇了摇头,似乎为韩侂胄至今毫无感觉感到奇怪,说:"危险昭然若揭,平章为何视而不见?册立皇后,您没有出力,皇后肯定在怨恨您;册立皇太子,也不是出于您的努力,皇太子怎能不仇恨您;朱熹、彭龟年、赵汝愚等一批理学家被时人称作'贤人君子',而您把他们撤职流放,士大夫们肯定对您不满;您积极主张北伐,倒没有不妥之处,但在战争中,我军伤亡颇重,三军将士的白骨遗留在各个战场上,全国到处都能听到阵亡将士亲人的哀哭声,军中将士难免要记恨您;北伐的准备使内地老百姓承受了沉重的军费负担,贫苦人家几乎无法生存,所以普天下的老百姓也会归罪于您。平章,您以一己之身怎能担当这么多的怨气仇恨呢?"

韩侂胄听了大惊失色,汗如雨下,一阵沉默后,又猛灌了几杯酒,才问:"你我名为上下级,实际上我待你亲如手足,你能见死不救吗?您一定要教我一个自救的办法!"

这位书生再三推辞,韩侂胄仗着几分酒意,固执地追问不已。这位书生最后才说:"有一个办法,但我恐怕说了也是白说。"书生诚恳地说,"我亦衷心希望平章您这次能采纳我的建议!当今的皇上倒还洒脱,并不十分贪恋君位,如果您迅速为皇太子设立东宫建制,然后,以昔日尧、舜、禹禅让的故事,劝说皇上及早把大位传给皇太子,那么,皇太子就会由仇视您转变为感激您了。太子一旦即位,皇后就被尊为皇太后,那时,即使她还怨恨您,也无力再报复您了。然后您趁着辅佐新君的机会,刷新国政。您要追封在流放中死去的贤人君子,抚恤他们的家属,并把活着的人召回朝中,加以重用,这样,您和士大夫们就重归于好了。你还要安靖边疆,不要轻举妄动,并重重犒赏全军将士,厚恤死者。这样,您就能消除与军队间的隔阂。您还要削减政府开支,减轻

赋税,尤其要罢除以军费为名加在百姓头上的各种苛捐杂税,使

老百姓尝到起死回生的快乐。这样,老百姓就会称颂您。最后,你再选择一位当代的大儒,把平章的职位交给他,自己告老还家,您若做到这些,或许可以转危为安,变祸为福了。"

书生的话可谓句句在理,但韩侂胄一来贪恋权位,不肯让贤退位;二来他北伐中原,统一天下的雄心尚未消失,所以,他明知自己处境危险,仍不肯急流勇退。他只是把这个书生强行留在自己身边,以便为自己出谋划策,及时应变。这位书生见韩侂胄不可救药,岂肯受池鱼之殃,没过多久就离去了。

后来,韩侂胄发动"开禧北伐",遭到惨败。南宋被迫向北方的金国求和,金国则把追究首谋北伐的"罪魁"作为议和的条件之一。开禧三年,在朝野中极为孤立的韩侂胄被南宋政府杀害,他的首级被装在匣子里,送给了金国。那位书生的话应验了。

第九章 感悟健美体魄

健康的意义

身体健康不仅是事业发展的基础，它还能够激发对生活的热爱，产生满足感。正如英国社会学家斯宾塞曾说："良好的健康状况和由之而来的愉快的情绪是幸福的最好资金。"因此我们珍惜所拥有的健康，健康就是所有幸福的前提，相信拥有健康就拥有幸福!

虽然幸福是个抽象的概念，对幸福的理解因人而异，但在哈佛"你所认为的幸福"调查中，拥有健康排在首位，从侧面反映出物质生活水平提高的同时，人们对健康的追求越来越强烈。其中，一位年长的被调查者说，随着年龄的增长，他越来越意识到健康的重要性。年轻时拼命挣再多的钱，年老时也买不到健康，受各种疾病困扰，无法好好享受生活。人只有拥有健康，才能实现人生的各种计划，没有健康就没有一切，更谈不上过幸福生活。

诚然，健康是人生的第一幸福。不论一个人多么有才能，一旦失去了健康的身体，人生就会化为乌有。可是，在生活中，有些人不重视自身的健康,以牺牲健康为代价去赚钱敛财,去追求成功,这实在是一种缺乏见识的行为。到头来,丧失的不仅仅是向往已久的幸福,也包括你梦寐以求的成功。俄国著名文艺批评家杜勃罗留波夫,他不顾身体虚弱一味读书,13岁时便将一个藏书室的书籍全部读完。虽然后来发表很多作品,但身体状况严重受损,25岁时就带着他的满腹诗书悄然离开了人世。我们在为杜勃罗留波夫遗憾的同时,更应该清醒地认识到,没有健康的体魄,谈何成功,谈何幸福。

幸福的人生呼唤健康。我们或许无法改变别人的幸福概念,但却可以定义自己的幸福人生。只要健康,不成功又怎样?假如健康不在,成功了又怎么样呢? 毕竟拥有健康的身体是幸福之本。

从前,有个年轻人总是抱怨自己命运不济,生活如此落魄。他常常自怨自艾地说:"要是有一天拥有很多钱,我就可以舒舒服服地生活了,那样的日子才叫幸福。"

有一天, 正当年轻人抱怨时, 一位从旁边经过的老人听见了。他停下脚步,转头问道:"你对自己、对生活有什么不满呢?要知道你已经很富有了。"

"我富有?老人家,别开玩笑了。"年轻人一脸不屑地说着。

"难道事实不是这样吗? 比如我要用一万元钱买你的眼睛,你答应吗?"老人问道。

"当然不能了。没有眼睛,我什么也看不到。纵然你给我很多钱,我也不会卖的。"年轻人急忙说道。

老人接着说:"如果我给你5万元钱, 你可以卖给我一双手

吗?"

年轻人急了,说:"我绝不会用自己的双手去换钱。"

这时,老人笑了,说:"现在你明白了吧,你已经十分富有,所以不要抱怨命运不公,时运不济。记住我的话:健康是无价之宝,任何财富都买不到。"说完,老人就离开了。

在美国哈佛大学,新生入学的第一堂体育课,老师们总是喜欢推演这样一道健康"公式":"假如把人的一生看做10000,健康用最前面的'1'来表示。后面的'0'代表'荣誉'、'财富'、'亲情'、'友谊'等因素,试试看,当我们把前面这个'1'拿掉以后,你的人生还剩下什么?"

"只剩下'0'。"学生们回答。

"是的,人的一切正常活动都是以健康为基础的。不管你'1'后面有多少个'0',不管你拥有多少珍贵的东西,如果失去了健康,生命的基础就不复存在,他的人生将暗淡无光。"

没有健康的体魄,幸福无从谈起。那么生活中要确保身体健康,重视体育锻炼是至为重要的一个环节。在这方面,爱因斯坦给我们树立了很好的榜样。

爱因斯坦一生钟爱运动,晚年时还坚持锻炼。他经常从事一些家务劳动,如栽花、浇水、剪枝,还时常邀请朋友去爬山,有意识地锻炼身体。有一次,爱因斯坦和居里夫人及其两个女儿去登山。他们按照登山运动员的要求,身背干粮袋,手持木拐杖,顺着山径往上爬。在旅途中,爱因斯坦谈笑风生,十分活跃,好像年轻人一样。从此,人们称他为"老年运动家"。

养生的秘诀

　　"祝您身体健康!"这是人们最常用的祝福语,可见健康对我们来说是十分重要的。那么生活中,我们如何从细节着手关注健康呢?有关专家指出,要健康长寿,必须做到两管两放。即管好你的嘴,注意营养平衡;管好你的环境,注意环境平衡;放开你的腿,注意动静平衡;解放你的脑,注意心理平衡。只要把握住这些平衡,就可以健康活过百岁。

　　现在,人们的物质生活极大丰富,社会的变化日新月异,人们都希望自己有一个健康的身体,充分地享受物质文明给人类带来的福祉。可是一个不争的事实却摆在人们面前,社会进步了,很多人的健康状况却退步了。这是为什么呢?哈佛健康专家指出,原来是我们的生活方式出了问题。

　　哈佛大学公共健康研究所曾接待一位患者。这位患者是典型的上班族,最怕夜晚来临。不知从什么时候开始,她成了没有睡眠的人,几乎用尽了除药物以外的所有方法,也未能解决失眠问题。不仅如此,其食欲下降、神经衰弱、性欲减退,去医院又检

167

查不出任何问题。原来这个人得了一种时髦病，叫"过劳伤害"，最主要的原因是超负荷工作导致的过度劳累。这种"过劳"既有心理原因，也有生理原因，或是两者的结合，其中一些人甚至因之而死亡，谓之"过劳死"。

其实，类似的病例并不罕见。追根溯源，这种疾病发生的根本原因就是生活失去了平衡，具体来说，主要有以下几方面：

1.饮食失衡

现代社会，生活节奏加快，工作压力较大，很多上班族都感到力不从心。每天超负荷的工作，让他们更加容易疲惫，早晨宁可多睡半个小时也不肯起来吃饭，早餐常常只是象征性地吃一点儿。在各大城市的街头，年轻人买两个包子，边吃边等公车的现象都很常见。午餐本来是很重要的，但是由于大多数公司中午只有一小时休息时间，所以，大多数人选择快餐，快餐的质量一般都不太好，营养无法保证，有时只是勉强填饱肚子而已。如此一来，只剩晚餐了，可是很多人晚上都必须加班，晚餐一般都要推到很晚才吃，或者应付了事。长期被这种低质量的饮食折磨，必然会使身体的健康受到损害。

2.作息失衡

对当今时代的上班族来说，作息不规律已经成了习惯。加班是再正常不过的事了，有很多人甚至通宵达旦地在办公室里工作。在巨大的生存压力面前，所谓生物钟和生理规律也根本顾不得了，缺少足够的休息，身体内的循环也逐渐失去平衡，身体便进入了亚健康状态，更有甚者，还引发了很多种疾病。

3.动静失衡

　　这一点主要针对那些白领人士,整天坐在办公室里、电脑前面,从早到晚都没有机会进行运动。电脑的辐射、办公环境的封闭、通风不畅、长时间不运动,都会对身体健康产生不利影响。

　　所以,生活失去平衡是导致亚健康和疾病缠身的罪魁祸首。只有找到方法,平衡自己的生活,才能强身健体,远离疾病的困扰。

　　所谓平衡,其实就是一个"度"的问题。中国先哲早就提出了"中庸之道",不仅用于做人做事,用在养生上也是如此。所谓"中庸"就是一种"不偏不倚"的状态,而放眼我们的生活,我们就会发现,现代人却违背了这一准则,把好端端的身体搞得千疮百孔。

　　先拿饮食来说吧,有的人偏荤,有的人偏素,有的人偏咸,有的人偏甜……偏来偏去,健康的天平就失衡了,疾病就乘虚而入了。再说运动,运动的好处人尽皆知,于是很多人加入到运动健身的行列中来,但是,运动也不是多多益善,如果掌握不好运动的"度",不但起不到健身的作用,还会使身体受到伤害。相对于"动养生",还有"静养生"的说法。但这个静养生并不是让人们静止不动,而是静中有动,说到底是一种动静结合,还是一个"度"的问题。动多了不好,静多了也不好,动静结合才是健康养生的法宝。

规律生活的好处

生活有规律是健康与长寿的秘诀。在没有特殊情况的时候，绝不要打乱这种规律生活。

养生贵在持之以恒，身体健康，就是来源于这不懈的坚持。

德国哲学家康德活了80岁，在19世纪初算是长寿老人了。医生对康德作了极好的评述："他的全部生活都按照最精确的天文钟作了估量、计算和比拟。他晚上10点上床，早上5点起床。接连30年，他一次也没有错过点。他7点整外出散步，哥尼斯堡的居民都按他来对钟表。"据说康德生下来时身体虚弱，青少年时经常得病。后来他坚持有规律的生活，按时起床、就餐、锻炼、写作、午睡、喝水、大便，形成了"动力定式"，身体从弱变强。

哈佛生理学家也认为，每天按时起居、作业，能使人精力充沛；每天定时进餐，届时消化腺会自动分泌消化液；每天定时大便，能防止便秘；甚至每天定时洗漱、洗澡等都可形成"动力定式"，从而使生物钟"准时"。谁若违背了这个生物钟，谁就要受到惩罚。

良好的作息规律,意味着要顺应人体的生物钟,按时作息,有劳有逸;按时就餐,不暴饮暴食;适应四季,顺应自然;戒除不良嗜好,不伤人体功能;尤其要保证足够的睡眠,保证每天有一定的体育锻炼时间。

一天24小时,哪种生物钟最合理?哈佛生理学家告诉我们:

5:00～7:00——大肠排毒,应上厕所排便。

7:00～9:00——小肠大量吸收营养的时段,应吃早餐。

9:00～12:00——肌体代谢最为旺盛,皮肤的机能和活力逐渐达到高峰,应激能力强,工作效率高。

12:00～15:00——午后肌体逐渐产生疲倦感,血液循环集中于消化系统,皮肤血液流量减少,对各种富含营养物质的护肤品吸收能力比较弱。

15:00～18:00——由于食物经过消化,微循环改善,组织含氧量升高,皮肤对营养物质的吸收能力逐步增强并达到高峰。这段时间最适宜到美容院作专业皮肤护理,还可配合健美操与健身等运动。

18:00～20:00——肌体和皮肤对外界刺激的抵抗能力降低,面部神经末梢及表情肌开始疲劳,眼周及下肢容易出现水肿。

20:00～23:00——为免疫系统(淋巴)排毒时间,此段时间应安静或听音乐。

23:00～次日5:00——肝的排毒,需在熟睡中进行。特别是半夜至凌晨4点为脊椎造血时段,必须熟睡,不宜熬夜。

另外,人体的新陈代谢活动在晚上11时至凌晨5时处于最低

171

水准,但脑垂体分泌的生长激素大量增加,此时细胞生长和修复最为旺盛,细胞代谢峰值增高,细胞分裂速度比平时快7～8倍,因而肌肤对营养性护肤品的吸收力加强。

释放压力，健康快乐最重要

要生存，就必然遇到竞争；有竞争，就必然有压力。所以，只要我们选择活着，就注定要承受生存所带来的各种各样的压力。我们只有勇于正视现实，学会承受压力、释放压力，才能在日趋激烈乃至残酷的生存竞争中，永远立于不败之地。更多的时候，压力来自我们自己，不要给自己太大压力，健康和快乐才是最重要的。

哈佛毕业的特纳，在他40岁时成为某某公司的继承人。人们都以为新上任的吉姆·特纳会大干一番，然而他却组建起一个评估团，对公司资产以50年做基数做了全面盘点后，在资产总和中先减去自己和全家所需、社会应酬的费用，再减去应付的银行利息、公司硬性支出、生产投资等，最终发现还剩8000万美元。于是，他毫不犹豫地从这笔钱中拿出3000万美元，为家乡建了一所大学，余下的全部捐给了美国社会福利基金会。人们对他的举动大惑不解，他说："这笔钱对我已没有实质意义，减去它就是减去了我生命中的负担。"

在莱斯勒石油公司员工的印象中,永远看不到吉姆·特纳愁眉苦脸的样子。即使发生加勒比海海啸,给公司的油井造成一亿多美元的损失,吉姆·特纳在董事会上依然谈笑风生,他说:"纵然减去一亿美元,我还是比你们富有十倍,我就有多于你们十倍的快乐。"

乐观开朗的吉姆·特纳活到85岁时,安然谢世,他在自己的墓碑上给自己留下这样一行字:"我最欣慰的是用好了人生的减法!"

在生活和学习中,自己觉得不堪重负的时候,应当学会做一下"减法",减去一些自己不需要的东西。有时候简单一点,人生反而会更踏实、更快乐一些。

在社会上,人们不论对物质还是精神,历来提倡不懈地追求,去得到、去积累,只有用加法积累起来的人生才会富有,而失去实质应用意义的获得却会变成拥塞、愁闷和负担,对照起来,我们不妨学学吉姆·特纳的生存智慧——用好人生的减法!

如何使用减法,我们不妨做到以下几点:

1.培养自己的忍耐力和控制力

物质生活水平的提高,让人们对物欲的追求也狂热起来,从而在忍耐力方面也越来越差。想要的东西就想要马上拥有。尤其是那些独生子女的家庭,过分溺爱,形成了任性的性格。这样的人,常常会因冲动而行事,稍微有一点不满意,就无法忍受,无法控制自己。如果不按照他们的想法去做,他们就会满腹牢骚和埋怨。一旦遇到了挫折,就会陷入痛苦之中,无法自拔。

事物都是有两面性的,人只有经历过挫折,才会更加成长起来。比如说,现在社会的不景气,反倒是件好事。因为这时候,人

174

们就知道钱是不好赚的，于是想要的东西，如果不是十分需要的，也就忍耐了下来。也会想到："想要得到自己想要的东西，必须存够钱才能买到"。"想要美梦成真，就必须做好不怕挫折的心理准备"。

其实，人生不顺利的时候，就是培养自己忍耐力和自制力的时候。与其在挫折面前垂头丧气，倒不如抬起头以快乐的心情去向前走。只要你坚持住这段时间，你就会发现你走的路越走越宽。

2.感受不到快乐时就试着专心做一件事

生活中，我们经常会用一句"样样通，样样松"的俗语来说明自己对一件事的不精通。对什么事情所知道的都是一知半解，结果总是事倍功半。

现代的人们似乎什么事都容易落入"不求甚解"，如度假、旅游、滑雪等都是。以为只要做了这些，就会让自己的心情开朗，快乐起来。但实际上真的会从心底产生真正的快乐吗？有的人因为失意总想去逃避那份内心的痛楚，找各种方法去代替，可最终得到的只是暂时的快乐。既然如此，何不换一种方式，对着失意而垂头丧气的人说："去做些可以让自己感到快乐的事吧！"

此时的你是否因为找不到自己的专长，而陷入"做什么都没有乐趣"的现状呢？所以你才会一直不断地在找寻能让自己有快感的新潮事物，却又依旧得不到快乐。其实，最重要的是，要下定决心专注一件事，将它称为"目标"。

如果你真的这么做了，你就会觉得你现在的不愉快只是暂时的。相反，还能为你指引你应该走的方向，以至于做什么事情都不白费力气。

身体是梦想的翅膀

他出生在一个幸运的家庭,有非常疼爱他的爸爸妈妈。可刚一出生,他就落下了呼吸道疾病,稍大一点儿,他的哮喘病也变得十分严重,只有在床上才能入睡,细心的父亲常常是整夜守护着他。

小小年纪的他特别喜欢学习阅读和写作,他把每天的所见所闻和感受记在日记本上。有一次,父亲给他讲了一个名人传记小故事,后来,父亲发现居然在他的日记本上写了这样几句话:"只要有机会,我一定能成为一名优秀的美国总统,也一定是一位好总统,我要去解决很多的大难题。"这让父亲感到非常地吃惊和自豪。

可随着年龄的增长,他也渐渐地明白了自己与常人的不同,但他无法接受自己体弱多病的事实。他开始变得沉默寡言,把自己紧闭在一个小屋里,心理负荷也一天天地加重,渐渐地变成了一个面色苍白的少年,这让父亲感到非常地焦虑和不安。

父亲明白一定要让儿子明白,生命在于运动,只有运动才能更加健康,也只有这样,他的儿子才会有希望。于是,在他11岁生日的那天晚上,父亲特意为他开了一个生日party,在晚会上,父亲和母亲身着华丽的晚礼服,当儿子在许愿的时候,父亲和母亲来到舞池的中央翩翩起舞。儿子睁开眼睛,被他们优美的舞姿吸引住了,此刻,他多么希望能走进舞池的中心,像父亲那样风度翩翩。当父亲看到他希冀的眼神,示意妈妈主动邀请宝贝儿子,令他想不到的是,他和妈妈配合得非常默契,圆满地完成了一支舞曲,顿时,他就赢得了许多掌声。

父亲觉得时机来了,就笑着对他说:"没有强健的身体做保障,你没法完成你的舞曲,不能施展你的才华,不能实践你的梦想。身体是塑造的,你必须锻炼身体,我相信你能做到。"说完以后,父子俩还一起拉了钩。

从那以后,他再也没有把自己囿于那间安静的小屋了,在他的生活里,开始了另外一门必修课——运动。善解人意的父亲把阳台改造成了一个设施完善的健身房,这里成了他最受关注的地方。

他常常一连几小时在那里举哑铃、蹲杠铃、击沙袋,他在这里开始找到了自信。只要是在体能上取得任何一点点进步,他都兴奋不已,这也让他的脸色越来越好,身体慢慢地恢复了,父亲的脸上终于露出了久违的笑容。

后来,小小健身房已经无法禁锢住他了,他开始喜欢上旅行了,短短的一年,不仅去了欧洲,还去了远东和非洲。这时,他真的感觉和常人已经没有什么两样了。尤其是有一次,在父亲的陪同下,他还专门到尼罗河三角洲搞了一次远途跋涉,健朗的父亲没能坚持到最后,而他却在体力不支的情况下,依然跑到了目的地。

由于身体上的好转,他的心情非常愉快,他总能以充沛的精力投入到学习中去,几年以后,由于他的才华横溢,成绩斐然,他被哈佛大学所录取,再后来,他放弃了自己的本行——动物学研究,而开始了自己的另一种生活,他走上了从政的道路。

在多年政治生涯里,他放弃了许多业余爱好,唯独没有丢下的就是健身运动,他不断地提醒自己,不断地塑造自己,因而他也总能以充沛的精力把每天的事处理得井井有条,以饱满的热情周旋于各项政治斗争中,从而在历史上留下了最美丽的一笔。他就是美国历史上赫赫有名的总统——西奥多·罗斯福。

这位幽默的总统在各个大学演讲时,他总喜欢提起儿时的往事,总不忘慷慨激昂地说这样一段话:"人活着,需要有梦想支持;光有梦想不行,要有好的身体;因为身体是梦想的翅膀,只有拥有健康的翅膀,我们才有机会展翅翱翔。"

让身体和大脑一样发达

如果说性格决定命运走向的话，那么健康的身体就如发动机，为我们完成人生提供着绵绵不绝的动力。

有一个伟大的身体可以证明，那就是美国加州州长阿诺·施瓦辛格。

他出生在奥地利一个名不见经传的小镇，从小体弱多病的他在父亲的鼓励下爱上了运动，最初常常参加英式足球和田径比赛。15岁时参加生平第一次健美比赛，获得亚军。这让他对成功充满了渴望，他渴望通过健美运动实现理想。于是对自己的身体进行魔鬼式的训练，每周训练7天，每天6个小时。没人愿意与他一起练习，因为人们觉得这个人在自我摧残。18岁，他开始在奥地利服兵役，当一名坦克驾驶员，同时经过努力获得了有如坦克般强健壮硕的肌肉。对成功的渴望让他逃出军营，参加了在斯图加特举行的欧洲青少年健美大赛，获得"少年欧洲先生"称号，回到军队后，因为未经同意出走而被关禁闭。

20岁的时候，他就赢得了"奥林匹克先生"的称号。此后10

年,他8次保留了这个荣誉,还另外获得5次"环球健美先生"的荣誉,被称为20世纪最伟大的健美运动员。阿诺·施瓦辛格颠覆了一般人认为"四肢发达、头脑简单"的偏见。在依靠自己的肌肉取得荣誉的同时,他不断充实自己的头脑。他同时在三所学校学习营销、经济学、政治学、历史和艺术。他对取得更大成就的欲望就像他的肌肉一样疯狂膨胀。25岁时阿诺出版了自传小说《阿诺德,一个健美运动员的成长》,在书中他写道:"我知道我是一个赢者,我知道我一定要做伟大的事情。"

他的新事业从给健美杂志写文章开始,然后开健身房、用函授方式讲授健美课程。他的一系列关于健美的畅销书,后来成为美国这个崇尚运动的国度的经典教材。然后又开拓了自己的电影事业,他扮演的很多角色成为银幕上无可超越的经典形象,他成为好莱坞少数几个超过2000万美元片酬的演员之一。1990年,他被布什总统任命为国家健康顾问委员会主席,他在白宫的草地上示范举重。后来他担任了加利福尼亚州州长的健康事务顾问,任期10年。再然后,他成了加州州长。

施瓦辛格的事业成功来源于他社交圈中诚恳的形象、他的财富、他良好的公众影响力,最重要的是,他拥有从训练自己的肌肉过程中总结出的一种优良品质。

他在自己的书里说:"要肌肉增长,你必须有无穷的意志力,你必须忍受痛苦。你不能可怜自己、稍痛即止,你要跨越痛苦,甚至爱上痛苦,别人做十下的动作,你要加倍磅数做足二十下。你要用不同的方法,从不同的角度去'震撼'(shock)你的每一组肌肉,令它无法不强壮,无法不结实。不要松懈,不要懒惰,没有坚韧不拔的意志,你无法取得成功!"

第十章 感悟柔美心境

最幸福的人就是糊涂人

世上最幸福的人就是糊涂人。聪明与糊涂，是为人的一种智慧，是否会糊涂，是需要一种智慧来承载。每个人都有自己的盲点，有的事情可以淡化、模糊地处理。糊涂给人带来豁达乐观，快乐向上，不向生命屈服。

武则天当上皇帝后，对于反对她当皇帝的一些唐朝旧臣进行了镇压。贬的贬、杀的杀，留用的无几，朝中几乎没有了掌事的大臣。武则天非常清楚朝中无能人做事不行，所以她派人到各地去物色人才。只要发现有才能的人，不计门第出身、不论资格深浅，破格提拔任用。所以，朝廷中很快又涌现出一批充满活力、有才能的大臣。其中，最著名的就是宰相狄仁杰。

狄仁杰当地方官的时候，办事公平，执法严明，受到当地百姓的称赞。武则天听说他有才能，就把他调到京城，官至宰相。狄仁杰做宰相后，但凡朝中大小事，武则天都向狄仁杰征询意见。因为狄仁杰确实很有能力，并且做事公道正派，所以武则天非常相信他。

一天，武则天召见狄仁杰，告诉他说："听说你为官的时候名声很好，但是也有人在我面前告你的状，你想知道他们是谁吗？"正常来说，这件事应该是只有武则天一个人知道的秘密，武则天告诉狄仁杰是为了表示自己对狄仁杰的信任。

狄仁杰听到这件事，内心很平静地对武则天说："别人说我不好，如果我真的有过错，我应该改正；如果陛下已经知道不是我的过错，我感到很幸运。至于谁在背后说我的不是，我并不想知道。"

事实上，知道是谁在过去诬陷自己，对狄仁杰来说并无半点好处。让诬陷者知道了，诬陷者可能还会担心狄仁杰报复自己，或许会多生出一些事来。所以狄仁杰宁愿糊涂，不愿苛察。这是狄仁杰为人精明之处，更是人生的一种大智慧。

什么是糊涂？糊涂就是不精明。糊涂有两种：一种是真糊涂，懵懵处世，似是与生俱来，装不来，求不到；另一种是假糊涂，是一种大智若愚的糊涂。我们说糊涂是福，就是指这种糊涂，大智若愚的糊涂，是装的糊涂，明明是非曲直了然于心，偏偏在表面上装作良莠不分，即"聪明的糊涂"。

有个故事说，医院里有两个人都得了绝症。亲属、医生都不想告诉他们实情，只说他们没什么大病，只是有些炎症，住一段时间的院消消炎就好了。一个人自觉聪明，千方百计地偷听到医生说他俩最多能活三个月。从此聪明人度日如年，为自己生命默默倒计时，茶饭不思，结果两个月就结束了生命。那糊涂的人，就以为自己只是一些炎症而已，三年过后，还奇迹般地活着。很多人都不喜欢糊涂地过，总喜欢凡事问个明白，当知道事实上很多东西超出了自己的想像,超出了自己心理能够承受的范围时,就成了心理的负担,就会把自己压垮。

因为糊涂,因为不明的那么多事理,很多事情看不明白,便少了很多烦恼。当然,做一个糊涂人不容易。郑板桥先生早就断言:"聪明易,糊涂难,由聪明变糊涂更难。"世上芸芸众生,有几个真正糊涂的?真糊涂是需要天生的,而装糊涂则需要悟性和胸怀。因为更多的人都想做个明白人,都想什么事情我都知道,都别想瞒过我,都愿意做一个聪明人,也就无缘享受人生的真正幸福了。

当然,做小事可糊涂,但涉及到原则的问题,大是大非的问题时,要心明如镜,不可糊涂。

看得太透束缚住了幸福

　　世间许多事情,在我们不知道的时候,便没有所谓的痛苦。正如不该看到的事,不该听到的话,不该了解的秘密,最好别看、别听、别问一样,因为"不知道"所以不烦恼。

　　孔子领着一群弟子东游,走了一天了,感觉腹中饥饿,正好看到前边有一家饭馆,孔子就让弟子颜回去讨点饭来吃。颜回来到饭馆,向主人说明自己是孔子的弟子,一行人饿了,想讨点饭吃。饭馆的主人称,给点饭吃是可以的,但有个要求。颜回想能给点饭吃就行。忙道:"主人家,请问是什么要求?"店主回答:"你们是识书的人,我写一字,你若认识,我就请你们师徒吃饭,若不认识你就是骗子,我就要把你乱棍打出。"颜回心里很高兴,心想认识一个字这有何难,就向主人家夸口说道:"主人家,颜回不才,可我也跟师傅学习多年了。别说一字,就是一篇文章也没问题。"店主说:"既然这样,那我就写个字你认完再说吧。"说罢拿笔写了一"真"字。颜回见是这么个字,笑道:"主人家,你真是有点欺负我颜回无能了,原来就是这么个字,此字也能难倒我颜回。"店主问:"那你说此为何字吧?"颜回回答说:"是认真的'真'字。"店主冷笑道:"无知之徒,连这个字都认错了,竟敢冒充孔夫子门生,来人,把他乱棍打出。"颜回落荒而逃。孔子见颜回没有讨到饭,还被羞辱一番。只好亲自前去了。孔子来到店里,说明来意,那店主又拿出了刚才那个"真"字。孔子笑曰:"此字念'直八'。"那店主笑到:"果然是夫子来到,快请坐。"然后招呼下人们给孔子一行准备饭菜。就这样,那店主果真请了孔子一行。颜回不明白其中的道理,吃完饭走在路上问孔子说:"老师,那字不是念'真'吗?您怎么念'直八'呢?"孔子微微一笑:"有的事是认不得'真'啊!"

古人说:"水至清则无鱼,人至察则无徒。"意思是说水太清了,鱼就无法生存,人太精明而过分苛察,什么事都看得太透彻,就不能容人,就会没有伙伴没有朋友。所以,古人劝我们,对于得失与利益,不必太斤斤计较、耿耿于怀,做一个豁达的人,不要被太多外在的东西牵绊,否则人生就不快乐了。

有一位老人患了心脏病,开刀做了手术。手术过后,亲属们来慰问他,就有人问:"伤口疼不疼?"他说:"不疼,一点都不疼。"亲属们就有些疑惑了,那么大的手术,怎么会不疼呢?老人说:"真的不疼啊。你们想想,医生在为我做手术的时候,我打了麻药,我全然不知,痛的时候不知道啊。在我没清醒的时候,监护室为我插七八根管子,插管子之类的东西很疼,也是我最怕的,可等我知道的时候,管子已经拿掉了,所以根本没感到痛苦。"

世间有许多事情,"不知道"有时候是一种幸福,这种"不知道哲学"或许能给我们去除很多烦恼,带来很多快乐。

陈平是汉初杰出的政治家、谋略家,在帮助刘邦亡秦灭楚、建立汉朝的过程中起到了重要的作用。汉高祖刘邦去世后,吕氏外戚专权,陈平表面上顺从吕氏,实际上韬光养晦,力撑危局。终于找到机会,联合亲刘势力,诛灭诸吕,维护了汉初的统一局面。就是这样一个很有能力、智慧的陈平,在担任丞相时却不知国家的钱谷之数,被皇帝问他时,他是一问三不知。

汉文帝在位的时候,有一次召见文武大臣,突然问右丞相周勃:"我们国家这一年粮米的收入是多少?"周勃是个对汉朝忠心耿耿的武将,对管理这些事情不怎么在行。他支支吾吾答不出来。文帝又问:"你说说我们一年判了多少案子。"周勃更是不知道。文帝一看周勃答不出,就有些不高兴。于是问左丞相陈平,陈平答了一句:"有主者",意思就是说,这些东西都有人在管。文帝更有些不高兴,就问,"那谁管呢?"于是陈平就告诉文帝说:"陛下审判案件的事,可问廷尉;问钱谷收入的事,可问治粟内史。"文帝听了就更不高兴了说:"这些都有人管了,你当丞相都干些什么呀。"陈平不慌不忙地答道:"做丞相的,他的职责是上佐天子理阴阳,顺四时,下育万物之宜,外镇抚四夷诸侯,内亲附百姓,使卿大夫各得任其职焉。"汉文帝听了陈平觉得他说得有理,不再追问了。可见丞相这个职位,也是有所为有所不为的,有所知有所不知的。

卸下包袱才能感受到幸福

　　适时的放弃，有时放弃反而得到更多。改变事事不放的心态，才可以改变强者生存的命运法则。一个人的生命之舟是有限度的，它载不动太多的物欲与虚荣。要想顺利抵达彼岸，中途不至于搁浅或沉没，就必须设法为其减负，把那些应该放下的东西坚决果断地放下。轻松走在人生路上，我们才能感受得到幸福。

　　春暖花开的时候，一只小蝴蝶来到了这五彩缤纷的世界。它喜欢这莺歌燕舞、到处开满鲜花，飘着香味的春天，它喜欢这红花绿叶。它希望这春天常在，但春天很快就走了。

　　小蝴蝶感到很遗憾，但它也不得不跟着季节来到骄阳如火的夏天。一天，小蝴蝶想找一个凉爽的地方，它飞着飞着来到一条小河边。在河边它看见了美丽的荷花，马上就和它亲近起来。荷花真是清爽而美丽，它喜欢这美丽的荷花，便常常来到小河边和荷花相见，心里感到很甜。

　　不知不觉秋天来到了，小蝴蝶满怀伤感地和荷花告别后四处寻觅自己想要的东西。它又遇到了菊花，它满面的愁容被菊花的灿烂笑容融化了。小蝴蝶又沉醉菊花的香艳中了。

188

妈妈告诉小蝴蝶："冬天要到了，我们得走了，不要再沉迷在花香中了。"

小蝴蝶回妈妈："我要和我喜欢的花在一起，我不想走。"

妈妈告诉小蝴蝶："我们是无论如何也看不到那在冬天开放的梅花的。不是所有的东西我们都可以拥有的。如果你不放弃，是要付出代价的！"

小蝴蝶不听妈妈的劝告，执意留了下来。它向往着那冬天的梅花，希望自己能够拥有它。

冬天慢慢来了，小蝴蝶在脑海一遍又一遍地想像梅花的样子，它努力支持自己，不让自己睡去。寒风来了，冰雪来了，小蝴蝶终于支持不住了，身体一点点僵硬起来。

一个大雪纷飞的早晨，梅花绽放了，可小蝴蝶已不知道被风雪吹到了哪里，它耗尽了自己的生命，付出了自己生命的代价也未能看到梅花开放。

在印度的热带丛林里，人们用一种奇特的方法捕捉猴子，在地上安装一个小木盒子，木盒子上开有一个小口，把猴子爱吃的坚果装在里面。猴子的前爪刚好能伸进小口里，但是猴子在抓住坚果后爪子就抽不出来了。因为猴子不肯放下抓到手的坚果，只能被人活捉。

智者说："两弊相衡取其轻，两利相权取其重。"但猴子们不懂这些，他们不知道松开爪子放下坚果逃命，反而丢了性命。推而广之，对于我们人来说，许多东西该放弃时就要放弃。李白不愿"摧眉折腰事权贵"才有"且放白鹿青崖间"的洒脱。放弃在人生中无处不在，懂得放弃是人生的一大智慧。聪明的人总是能适时地放弃，在放弃中长一智，在放弃中找到幸福。

189

用爱倾听

那段日子，我被楼上楼下的住户折腾得快疯掉了。

我家住在2楼。住我楼下的是一对下岗夫妇。为了生活，这对夫妇买了一辆破旧的三轮摩托车，每天出去载客，深更半夜才回来。那辆摩托车破旧得像个严重的哮喘病人，"突突突"的响声像哮喘病人的咳嗽，不但巨大，而且让人揪心般地难受。每晚，我躺在床上，刚有一点睡意的时候，那辆摩托车就拼命地"咳嗽"着回来了，声音攀上楼来，钻进窗内，搅得我睡意全消。

我楼上的那家住户，不知怎么地心血来潮，给女儿买了一支箫。每天天刚麻麻亮，就逼着女儿练习。那声音呜呜咽咽，毫不连贯，毫无乐感，听在耳里，像鬼哭狼嚎。

我每晚被楼下摩托车的"咳嗽"搅得没有睡意，早晨又早早地被楼上的箫声"哭"醒，弄得我精神不振，心情烦躁。我想，是该好好与楼上楼下的住户谈一谈了。但临到他们的家门，我又犹豫了，谈什么呢？让他们不要再发出噪音？可楼下的那个住户，破摩托车就是他们的饭碗。楼上那个住户，箫声就是家长对孩子的希望,难道我要他们放弃饭碗放弃希望?我不忍心开口,他们也不会答应。

几经考虑,我决定搬家,搬到一个清静的地方,那样有利于我的写作,也有利于我的健康。我找到一位朋友,诉说了我的苦衷,叫他帮我物色一个好的住所。朋友笑眯眯的听着,然后问我:"你觉得我居住的环境怎样?"我说:"就是觉得你这里清静,所以叫你帮我找住处。"朋友得意地点点头,说:"好吧,你先在我家里坐一个小时,感受一下。"

我在朋友家里呆了一个小时,这里的环境确实幽静,但一个小时后,人们陆续下班回家,嘈杂开始显现。最要命的是,隔壁的阳台上,传来一阵类似于说话的声音,像原始部落的人用特殊的声音在喊叫,声音刺耳而使人不明所以,让人听了格外不舒服。

我问朋友这是什么声音。朋友说:"一个9岁的男孩,在学说话。你仔细听听,他说的是什么?"我侧耳倾听,那男孩无疑在重复一句话,但我怎么听都听不明白他在说什么。我猜测说:"他好像在说,羊刚扑倒在地。"朋友哈哈大笑,说:"你错了。他是说,阳光普照大地。"说着话,他拉开了通往阳台的门,使那孩子的声音更大一些。这时我听到,有一位妇女,在不断地纠正那个男孩。妇女说的正是"阳光普照大地",但无论妇女怎么纠正,那男孩说的,仍是"羊刚扑倒在地"。

朋友问我:"如果让你住在这里,每天听到这样的声音,你感觉如何?"我直摇头,实话实说:"受不了,不但声音太吵,而且他怎么学都学不会,听着都被他急死。但是,在我的耳朵里,这孩子的声音简直就是一曲美妙的音乐。不但我有这样的感觉,住我们

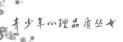

这栋楼里的人,都有这样的感觉。"

朋友见我一脸诧异,便解释说:"这孩子是个弃儿,一出生就又聋又哑,所以他的生身父母抛弃了他。是我的邻居将他捡了回来,不但抚养他,而且到处求医问药为他治疗。从他4岁开始,我的邻居就开始教他说话,我们都以为这是不可能的事情,但我的邻居锲而不舍,坚持每天教他。到他5岁的时候,有一天,他居然开口叫妈妈了,虽然声音那么模糊,但我们都听清了。我的邻居当时就激动得哭了,我们在场的许多人都热泪盈眶。我的邻居含辛茹苦这么多年,终于让这孩子开口说话了,你说这怎么不让人激动。从这以后,我的邻居更加认真地教他说话。我们这栋楼里的住户,都觉得这声音就是美妙的音乐。"

在我离开朋友家的时候,朋友说:"你听这孩子的声音,很刺耳,很不舒服,那是因为你是用耳朵在听。而我们听着孩子的声音,很动听,很欣慰,那是因为我们用爱在听。只要学会用爱去倾听,这世间许多声音,都是美妙的音乐。"

朋友的话,在我的心里产生了强烈的震撼。是的,如果用耳朵去听,这世界,有许许多多的声音,有动听的,有刺耳的,有美妙的,有聒噪的,这些声音全部入耳,可以让你觉得是一种享受,也可以让你觉得是一种折磨。但如果用爱去听,这世界,就只有一种声音,那就是美妙与和谐,让人觉得欣喜和欣慰。

我打消了搬家的念头,奇怪的是,再听楼下摩托车的轰鸣,我没觉得刺耳,而是觉得欣慰,这对下岗夫妇今天又有生意了,又有收入了,我为他们感到高兴。而再听楼上的箫声,我也能听到小女孩的进步。

感悟生活的美

上帝给了我们耳朵,是让我们聆听世间所有纷杂的声音。而人类给了自己爱心,是让我们将所有纷杂的声音,转换成美妙动听的音乐。想享受美妙动听的音乐,就要学会用爱倾听。

第十章　感悟柔美心境

193

精神明亮的人

19世纪的一个黎明,在巴黎乡下一栋亮灯的木屋里,居斯塔夫·福楼拜在给最亲密的女友写信:"我拼命工作,天天洗澡,不接待来访,不看报纸,按时看日出(像现在这样)。我工作到深夜,窗户敞开,不穿外衣,在寂静的书房里……"

"按时看日出",我被这句话猝然绊倒了。

一位以"面壁写作"为誓志的世界文豪,一个如此吝惜时间的人,却每天惦记着"日出",把再寻常不过的晨曦之降视若一件盛事,当作一门必修课来迎对,这是为什么?

它像一盆水泼醒了我,浑身打个激灵。

我竭力去想像、去模拟那情景,并久久地揣摩、体味着它。

陪伴你的,有刚刚苏醒的树木,略含咸味的风,玻璃般的草叶,潮湿的土腥味,清脆的雀啾,充满果汁的空气……还有远处闪光的河带,岸边的薄雾,怒放的凌霄,绛紫或淡蓝的牵牛花,隐隐颤栗的棘条,月挂树梢的氤氲,那蛋壳般薄薄的静……

从词的意义上说,黑夜意味着"偃息"和"孕育",而日出,则

象征着一种"诞生",一种"升蠹"和"伊始",乃富有动感、汁液和青春性的一个词。它意味着你的生命画册又添置了新的页码,你的体能电池又充满了新的热力。

正像分娩决不重复,"日出"也从不重复。它拒绝抄袭和雷同,因为它是艺术,是大自然的最重视的一幅杰作。

黎明,拥有一天中最纯澈、最鲜泽、最让人激动的光线,那是生命最易受鼓舞、最能添置信心和热望的时刻,也是最能让青春荡漾、幻念勃发的时刻。像含有神性的水晶球,它唤醒了我们对生命的原初印象,唤醒体内某种沉睡的细胞,使我们看到远方的事物,看清了险些忘却的东西,看清了梦想、光阴、生机和道路……

迎接晨曦,不仅仅是感官愉悦,更是精神体验;不仅仅是人对自然的欣赏,更是大自然以其神奇力量作用于生命的一轮撞击。它意味着一场相遇,让我们有机会和生命完成一次对视,有机会认真地打量自己,获得对个体更细腻、清新的感受。它意味着一次洗礼,一次被照耀和沐浴的仪式,赋予生命以新的索引,新的知觉,新的闪念、启示与发现……

"按时看日出",是生命健康与积极性情的一个标志,更是精神明亮的标志!它不仅仅代表了一种生存姿态,更昭示着一种热爱生活的理念,一种生命哲学和精神美学。

透过那橘色晨曦,我触摸到了一幅优美剪影:一个人在给自己的生命举行升旗!

与福楼拜相比,我们对自然又是怎样的态度呢?

在一个普通人的生涯中,有过多少次沐浴晨曦的体验?我们创造过多少这样的机会?

仔细想想,或许确实有过那么一两回吧。可那又是怎样的情景呢?比如某个刚下火车的凌晨——

睡眼惺忪,满脸疲态的你,不情愿地背着包,拖着慵懒灌铅的腿,被浩荡人流推搡着,在昏黄的路灯陪衬下,涌向出站口。踏上站前广场的那一刹,一束极细的猩红的浮光突然鱼鳍般拂了你一下,吹在你脸上——你倏地意识到是日出了!但这个闪念并没有打动你,你丝毫不关心它,你早已被沉重的身体击垮了,眼皮浮肿,头昏脑涨,除了赶紧找地儿睡一觉,你什么也不想,一刻也不愿再多呆……

或许还有其他的机会,比如登泰山、游黄山什么的。蹲在人山人海中,蜷在租来的军大衣里,无聊而焦急地看夜光表,熬上一宿。终于,当人群开始骚动,在啧啧称奇的欢呼声中,大幕拉开,期待已久的演出开始了……然而,这一切都是在混乱、嘈杂、人声鼎沸和拥挤不堪中进行的。越过无数的后脑勺和下巴,你终于看到了,那个与电视里一模一样的场面——像升国旗一样,规定时分、规定地点、规定程序。你突然惊醒,这是早就被设计好了的,早就被导游、门票和游览图计算好了的。美是美,但就是感觉有点儿不对劲,不自然,有人工痕迹,且谋划太久,准备得太充分,有"主题先行"的味道,像租来的、买来的……

而更多的人,或许连一次都没有!

一生中的那个时刻,他们无不蜷缩在被子里。他们在昏迷,在蒙头大睡,在冷漠地打着呼噜——第一万次、第几万次地打着呼噜。

那光线永远照不到他们,照不见那萎靡的身体和灵魂。放弃早晨,意味着什么呢?

意味着你已先被遗弃了,意味着你所看到的世界是"旧"的,和昨天一模一样的"陈"。仿佛一个人老是吃经年发霉的粮食,永远轮不上新的,永远只会把新的变成旧的。意味着不等你开始,不等你站在起点上,就已被抛至中场,就像一个人未谙童趣即已步入中年。

多少年,我都没有因光线而激动的经历了。

上班的路上,挤车的当口,迎来的已是煮熟的光线,中年的光线。

即使你偶尔起个大早,忽萌看日出的念头,又能怎样呢?都市的晨曦,不知从何时起,早已变了质——

高楼大厦夺走了地平线,灰蒙蒙的尘霾,空气中老有油乎乎的腻感,老有挥之不散的汽油味,即使你捂起了耳朵,也挡不住出租车的喇叭声。没有真正的黑夜,自然也就无所谓真正的黎明……没有纯洁的泥土,没有旷野远山,没有庄稼地,只有牛角一样粗硬的黑水泥和钢化砖。所有的景色,所有的目击物,皆无洗过的那种鲜艳与亮泽、那种蔬菜般的翠绿与寂静……你意识不到一种"新",感受不到婴儿苏醒时的那种清新与好奇,即使你大睁着眼,仍觉像在昏沉的睡雾中。

千禧年之际,不知谁发明了"新世纪第一缕曙光"这个诗化概念,尔后,又吸引了"文化搭台,经济唱戏"的政府投资,再经权威气象人士的加盟,竟打造出了一个富有科技含量的旅游品牌。为此,浙江的临海和温岭还发生了"曙光节之争"(南京紫金天文

第十章　感悟柔美心境

台将"曙光"赐予了临海的括苍山主峰,北京天文台则咬定在温岭,最后双方达成协议,将"曙光"大奖正式颁给了吉林珲春)。一时间,媒体纷至沓来,电视现场直播,鞍马争趋,庙门披红,山票陡涨,那峦顶便成了寸土寸金的摇钱树,其火爆程度俨然当年大气功师的显灵堂,香客们的虔诚劲儿仿佛领受佛祖之洗……

其实,大自然从无等级之别,时间符号只是人为地制造,对大自然来说,根本不存在厚此薄彼的所谓"新世纪""第一缕"……看日出,本是一种私人性极强、朴素而平静的生命美学行为,而一旦搞成热闹的集市,搞成一场阵容豪华的商业演出,也就失去了其本色的自然含义。想想我们平日的冷漠与昏迷,想想每天的昏头大睡,这种对"光阴"的超强重视简直即一种讽刺。

对一个习惯了对自然的漠视、又素无美学心理积淀的人来说,即使那一刻,你花大钱购下了山的最制高点,你又能领略到什么呢?又能比别人多争取到什么呢?

爱默生在《论自然》中道:"实际上,很少有成年人能够真正看到自然,多数人不会仔细地观察太阳,至多他们只是一掠而过。太阳只会照亮成年人的眼睛,但却会通过眼睛照进孩子的心灵。一个真正热爱自然的人,是那种内外感觉都协调一致的人,是那种直至成年依然童心未泯的人。"

邻居的狗

大约十三岁时,在宾夕法尼亚州印第安那老家,我有条名叫鲍恩斯的狗,它是条身份不明的野狗,有一天我放学,它就跟我回了家。鲍恩斯像是那种硬毛杂种猎犬,只是皮毛显橘黄色。我们成了亲密的伙伴,我进林子找蘑菇,它在我身旁嬉戏;我坐飞机模型,它就倒在我脚旁打呼噜。我真是太爱这条狗了。

有一年盛夏,我去参加童子军营。等我回家时,鲍恩斯却没有来迎我。我问母亲怎么回事,她温柔地领着我进了屋,"我十分抱歉,吉姆,鲍恩斯不在了。""它跑了吗?""不是,儿子,它死了。"我简直无法相信。我哽咽着问:"出了什么事?""它给咬死了。""怎么给咬死的?"妈妈目光转向父亲。他清了清嗓子说:"吉姆,博吉弄断了链子,跑过来咬死了鲍恩斯。"我惊得目瞪口呆。博吉是隔壁邻居家的英国狗,平常总是套着链子,拴在他们家后院的铁丝围栏上,那围栏大约100英尺长。

我既伤心又愤怒,那天晚上我辗转反侧。第二天早上,我跑去察看那条狗,期望从它那布满斑点的身上至少能发现一个深长的伤口。可是什么也没有,只见那条敦实的恶犬被拴在一条比原先更粗的链子上。每当我看见可怜的鲍恩斯空荡荡的狗屋,它那再也用不上的毯子,它的食盆,我就禁不住怒火中烧,恨透了那畜生,因为它夺走了我最要好的朋友的生命。

终于有一天早上,我从柜子里拿出爸爸在上个圣诞节送我的雷明顿猎枪。我走进我们家后院,爬上苹果树,伏在高处的树干上,我能看见博吉沿着铁丝围栏来回闲逛。我举枪透过瞄准器盯着它,可是每次瞄准准备射击时,树叶就挡住了我的视线。

突然间,树下传来一声轻微短促地惊叫:"吉姆,你在树上干什么呢?"妈妈没有等我回答,纱门"砰"的一声关上了,我知道她准是给在五金店的爸爸打电话。过了几分钟,我们家的福特汽车开进了车道。爸爸从车里出来,径直朝苹果树走来。"吉姆,下来。"他轻声说道。我很不情愿地合上了保险栓,站在被炎炎毒日晒得发焦的草地上。

第二天早上,爸爸对我说:"吉姆,今天放了学,我要你到铺子来一趟。"他比我还了解我自己。

那天下午我拖着懒懒的脚步进了市区,到我爸爸的五金店去,心想它准是要我擦玻璃或是干别的什么活。他从柜台后面出来,领着我进了储藏室。我们慢慢地绕过一桶桶钉子,一捆捆浇花水管和丝网,来到一个角落。我的死敌博吉蜷缩在那儿,被拴在一根柱子上。"那条狗在这儿,"我爸爸说道,"如果你还想干掉它的话,这是最容易的办法。"他递给我一把短筒猎枪,我疑虑地瞥了他一眼,他点了点头。

我拿起猎枪,举上肩,黑色枪筒向下瞄准。博吉那双棕色眼睛看着我,高兴地喘着粗气,张开长着獠牙的嘴,吐出粉红的舌头。就在我要扣动扳机的一刹那,千头万绪闪过脑海。爸爸静静地站在一旁,可我的心情却无法平静。涌上心头的是平时爸爸对我的教诲——我们对无助的生命的责任,做人要光明磊落,是非分明。我想起我打碎妈妈最心爱的上菜用的瓷碗后,她还是一如既往地爱我。我还听到别的声音——教区的牧师领着我们做祷告时,祈求上帝宽恕我们如同我们宽恕别人那样。

突然间,猎枪变得沉甸甸的,眼前的目标模糊起来。我放下手中的枪,抬头无奈地看着爸爸。他脸上绽出一丝笑容,然后抓住我的肩膀,缓缓地说道:"我理解你,儿子。"这时我才明白,他从未想过我会扣扳机。他用明智、深刻的方式让我自己作出决定。我始终没弄清爸爸那天下午是怎么安排博吉出现在五金店的,但是我知道他相信我能够作出正确的选择。

我放下枪,感到无比轻松。我跟爸爸跪在地上,帮忙解开博吉。博吉欣喜地蹭着我俩,短尾巴使劲地晃动。

那天晚上我睡了几天来的头一个好觉。第二天早上,我跳下后院的台阶时,看见隔壁的博吉就停了下来。爸爸抚摸着我的头发说道:"儿子,看来你已经宽恕了它。"

我跑向学校。我发现宽恕令人振奋。